《素书》大成智慧

兰彦岭 注释

北京联合出版公司
Beijing United Publishing Co.,Ltd.

图书在版编目（CIP）数据

《素书》大成智慧 / 兰彦岭注释 . -- 北京 : 北京联合出版公司，2017.9（2022.5重印）
ISBN 978-7-5596-0771-3

Ⅰ . ①素… Ⅱ . ①兰… Ⅲ . ①个人－修养－中国－古代②《素书》－注释 Ⅳ . ① B825

中国版本图书馆 CIP 数据核字（2017）第186828号

《素书》大成智慧

作　　者：兰彦岭
出 品 人：赵红仕
选题策划：北京时代光华图书有限公司
责任编辑：孙志文
特约编辑：何英娇
封面设计：新艺书文化
版式设计：新艺书文化

北京联合出版公司出版
（北京市西城区德外大街83号楼9层　100088）
北京时代光华图书有限公司发行
北京晨旭印刷厂印刷　新华书店经销
字数212千字　787毫米 ×1092毫米　1/16　17.25印张
2017年9月第1版　2022年5月第4次印刷
ISBN 978-7-5596-0771-3
定价：59.80元

目录

《素书》原序

宋
张商英

【原文】

《黄石公素书》六编，按《前汉列传》黄石公圯桥所授子房《素书》，世人多以《三略》为是，盖传之者误也。

【译文】

黄石公的《素书》，共有六篇，据《前汉列传》记载，黄石公在圯桥授予张良的《素书》，后人多认为这本《素书》就是黄石公的另一部兵书《三略》。这是传者之误啊！

【原文】

晋乱，有盗发子房冢，于玉枕中获此《书》，凡一千三百言。上有秘戒："不许传于不道、不神、不圣、不贤之人；若非其人，必受其殃；得人不传，亦受其殃。"呜呼！其慎重如此。

【译文】

西晋时，天下大乱。有一个盗墓者挖掘了张良的坟墓，在玉枕中找到了这本《素书》。全书共计一千三百字。上面题有秘戒："不得将此书传给不道、不神、不圣、不贤之人。如果所传非人，那必会遭到祸殃；如果遇到合适的人而不传授，也会遭到祸殃。"由此可见，黄石公对此书的传承这样谨慎！

【原文】

黄石公得子房而传之，子房不得其传而葬之。后五百余年而盗获之，自是《素书》始传于人间。然其传者，特黄石公之言耳，而公之意，其可以言尽哉？

【译文】

黄石公遇到张良，认为他是可当重任之人，便将此书传给了他。而张良没能遇到合适的传承人，只好将书带入墓中陪葬。五百多年后，盗墓者偶得此书，自此，《素书》得以在人间流传。然而传之于世的，也仅仅是黄石公的简略的言辞而已，至于他的玄机深意，哪里是这些言辞所能道尽的呢？

【原文】

余窃尝评之："天人之道，未尝不相为用。古之圣贤皆尽心焉。尧钦若昊天，舜齐七政，禹叙九畴，傅说陈天道，文王重八卦，周公设天地四时之官，又立三公以燮理阴阳。孔子欲无言，老聃建之以常无有。"《阴符经》曰："宇宙在乎手，万化生乎身。"道至于此，则鬼神变化，皆不逃吾之术，而况于刑名度数之间者欤！

【译文】

我私下里曾有这样的评论："天道与人道之间的关系，何尝不是相辅相成的呢？"古代圣贤对这个道理都能够心领神会，并能顺天应人。唐尧虔诚地按照上天的旨意行事；虞舜遵循天道而建立了七种政治制度；夏禹依据山川地理的实际情况将天下划分为九州；傅说曾向商王武丁陈述天道运行的法则；文王将天道与人道结合起来推演并发展了八卦；周公旦效法天地四时的规则建立了春、夏、秋、冬四官，同时设立太师、太傅、太保三公负责调和阴阳；孔子感到天道玄妙，无法穷尽，所以才有"天何言哉"的感慨；老子以"无"和"有"作为立论的基础。

《阴符经》说："掌握和体悟了宇宙自然的运行规律，就可领会世间万事万物的变化之妙。"对大道的认识达到了这个境界，即使鬼神的变化都逃不出我们的掌控，何况是刑罚、名实、制度、术数一类的学问呢！

【原文】

黄石公，秦之隐君子也。其书简，其意深。虽尧、舜、禹、文、傅说、周公、孔子、老子，亦无以出此矣。

【译文】

黄石公是秦朝的一位世外高人，他传给张良的《素书》文字简练精辟，含意深邃高远，就是上至唐尧、虞舜、夏禹、周文王、傅说、周公，下至孔子、老子的思想也没有超过他的思想境界的。

【原文】

然则黄石公知秦之将亡，汉之将兴，故以此《书》授子房。而子房者，岂能尽知其《书》哉！凡子房之所以为子房者，仅能用其一二耳。

【译文】

然而黄石公知道秦国将亡、汉朝将兴，因此把《素书》授予张子房。但是张子房又怎么可能了解这部书的全部奥秘呢？张子房之所以能成就其威名，也不过是用了书中十分之一二的智慧而已。

【原文】

《书》曰："阴计外泄者，败。"子房用之，尝劝高帝王韩信矣；《书》曰："小怨不赦，大怨必生。"子房用之，尝劝高帝侯雍齿矣；《书》曰："决策于不仁者险。"子房用之，尝劝高帝罢封六国矣；《书》曰："设变致权，所以解结。"子房用之，尝致四皓而立惠帝矣；《书》曰："吉莫吉于知足。"子房用之，尝择留自封矣；《书》曰："绝嗜禁欲，所以除累。"子房用之，尝弃人间事，从赤松子游矣。

【译文】

书中说："阴计外泄者，败。"张良曾使用这一条，劝汉高祖刘邦封韩信为齐王，满足韩信称王的要求，使他尽心尽力攻打项羽，为刘邦的霸业打下坚实的基础。

书中说："小怨不赦，大怨必生。"张良运用这一条，劝说汉高祖封曾经与高祖结过仇怨的雍齿为什邡侯，使那些因为没及时得到封赏的将领安下心来，缓解了当时紧张的局势。

书中说："决策于不仁者险。"张良运用这一条，劝说汉高祖打消分封六国后裔为侯的念头，以避免再次出现春秋战国时期那样的混战局面。

书中说："设变致权，所以解结。"张良运用这一条，招来商山四皓，劝说高祖不要改立如意为储君，使太子刘盈地位得以保全。

书中说："吉莫吉于知足。"张良运用这一条，拒绝了齐地三万户封邑的封赏，只求受封于留地，告老不问世事，得以善终。

书中说："绝嗜禁欲，所以除累。"张良运用了这一条，在功成名就之后，他因势利导，巧妙地跳出了权力之争的旋涡，逍遥自在地度过了一生。

【原文】

嗟乎！遗糟弃滓，犹足以亡秦项而帝沛公，况纯而用之、深而造之者乎！

【译文】

唉！张良仅仅是运用了《素书》中的一些微末的智慧，就推翻了秦王朝，打败了楚霸王项羽，辅佐刘邦建立了大汉王朝。如果有人能完全领悟书中的精髓，并且加以灵活应用，那将会创造出什么样的丰功伟绩呢？

【原文】

自汉以来，章句文词之学炽，而知道之士极少。如诸葛亮、王猛、房乔、裴度等辈，虽号为一时贤相，至于先王大道，曾未足以知仿佛。此《书》所以不传于不道、不神、不圣、不贤之人也。

【译文】

自从汉朝以来，研究文学、辞章的学者很多，但真正懂得大道的人极少，像诸葛亮、王猛、房玄龄、裴度等人，虽然号称冠绝一时的智哲贤相，却对先哲圣王总结的大道依稀中也就知道个大概。这就是此书之所以不能传给不知天道、不神明、不圣智、不贤能的人的原因吧！

【原文】

离有离无之谓道，非有非无之谓神，有而无之之谓圣，无而有之之谓贤。非此四者，虽口诵此书，亦不能身行之矣。

【译文】

在若有若无的恍兮惚兮中能体察到万物变化的奥妙的，谓之得道；通彻“有即是无，无即是有”这个道理的，谓之神明；能从“有”达到“无”的境界者为圣哲之人；能“无中生有”的，为贤能之人。做不到这四点，就是把这本书倒背如流，也不能在实际中真正运用它。

《素书》的基本思想

《素书》中“素”的本意是指一种纯白色的绢，这里形容纯洁、干净、朴素、简单的做人道理。书中认为，尽管人生有跌宕起伏、成败荣辱，但做人的道理并不复杂，只有五个字，即道、德、仁、义、礼。任何人成败之关键，都取决于对这五个字的把握程度。同时，以道、德、仁、义、礼为立身治国的根本，探寻宇宙万物自然运化的数理，以此认识万物，处理万物。

《素书》不仅是一部修身、齐家的宝典，还是一部治国、安民的政论书，也是一部御将、统兵、设谋、用计的兵书。

《素书》里主要体现了如下思想：

一、以道和德为本的道、德、仁、义、礼五位一体的思想，阐述了五者与万事万物之间的关系。认为在事物的发展中，盛衰有道，成败有数，治乱有势，去就有理。明白此理，待时运到来，就可以成绝代之功，否则，就“潜居抱道，以待其时”。

二、揭示道是万物的起源，由德来证道。故以“正道”为章名。作者根据才学品德的不同，把人才分为俊、豪、杰三类。指出用人者如何使用人才的策略。

三、欲成就伟业必用人才，欲用人才必得人才，欲得人才必识人才，欲识人才必知其志，而求志的标准是“德”。阐明了作者“任材使能，所以济物”的用人思想，并提出“博学切问”“恭俭谦约”“近恕笃行”“深计远虑”等思想，强调加强个人知识和思想修养的重要性。

四、欲成就大事，就必须以德为本，以道为宗，道德的表现形式就是“仁”。要养成“志心笃术”“长于博谋”“忍辱修德”的品德等。而且还要戒除“贪念多愿”“不义苟得”“操持无常”等毛病。

五、阐明了一种处事之道。使事物得到适宜者，要把握住“义”字。他提出建功立业需遵循自然之理。首先，须明察自身弊端和做事用人的弊病，并坚决戒除，如“以明示下”“以言取祸”“略己责人”等。其次，论述设谋断事之道，如“决策不仁者凶”“能有其所有者安”等。说明成事应遵循的道理。

六、论述了治国安民之道，必须以理安之，以理安之即“礼”。故以“安礼”命名。他指出民心乃一国之本，君主必须以正道治国，养民之富，民富才能国强。

《素书》的基本思想是，一切大道都寓于最简单而朴素的事物中，如果认识到了，你就能顺天应人，把握时局，扎实精进，知足常乐，永不迷失，捭阖有度，方圆有致，纵横随意，进退自如，成绝世大功。

第一篇

潜居抱道，成绝代之功

（原始章）

天道、德行、仁爱、正义、礼制，这五种品质是做人的基本要求，是成就功名的基本方法。事物在发展变化中，盛衰有道，成败有数，治乱有势，去就有理，我们要审时度势，待机而动。

原始章

题 解

注曰："道不可以无始。"

王氏曰："原者，根。原始者，初始。章者，篇章。此章之内，先说道、德、仁、义、礼，此五者是为人之根本，立身成名的道理。"

译 文

张商英注：大道不可以没有发端。

王氏批注："原"，就是根本。"原始"，就是初始。"章"，就是篇章。这一章内，首先论述天道、德行、仁爱、正义、礼制，这五种品质是做人的根本，是立身成名的道理。

评　析

原始章是本书总纲，主旨是阐发世道盛衰之起因，治乱之缘由，所以以“原始”为章名。

黄石公认为：天道、德行、仁爱、正义、礼制，为做人、处世的根本所在。这五者也是中国人文思想的最高境界，是成就功名的基本方法。人生成败荣辱，说到底就是对这五者的坚守。

玉之五德也恰好阐释了这个道理：润泽以温是谓仁；廉而不刿是谓义；垂而坠不飞扬是谓礼；缜密坚实是谓智；质地明晰是谓信。尊道贵德做君子，无故玉不去身。上古造字“玉”“王”不分，意谓三横乃天地人，一竖乃参通天道、地道、人道者，是谓王！

原　典

夫道、德、仁、义、礼，五者一体也。

注曰：“离而用之则有五，合而浑之则为一；一之所以贯五,五所以衍一。”

王氏曰：“此五件是教人正心、修身、齐家、治国、平天下的道理；若肯一件件依著施行，乃立身、成名之根本。”

译　文

天道、德行、仁爱、正义、礼制五种品质，本为一体，不可分离。

张商英注：将这个相互联系的整体分离开来而加以使用就有五种思想体系，放在一起而加以融合就成为一个有机的整体。“一体”用来贯穿这五种思想体系，五种思想体系用来推演一体。

王氏批注：道、德、仁、义、礼，五种道德标准，是正心、修身、齐家、治国、平天下的办法。如果能够一件件依照践行，就能成为一个人立身、成名、建功立业的根本。

评　析

宇宙万物皆由道而生，故天地万物无一不体现着道。人为万物之灵，人类社会的盛衰成败，治乱变迁，皆由人起。人若明道合德，心怀仁，行乎义，表现礼，那么整个社会则盛，则成，则治；而人若远道，离德，无仁背义，乱礼，就会成为世道衰败的前因。为此，用道、德、仁、义、礼这五种道德标准来指导人们修身处世，是必要的，也是一个人成就大事的基本原则。

儒家修炼有三纲八目，三纲为明明德，亲民，止于至善；八目为格物、致知、诚意、正心、修身、齐家、治国、平天下；目的就是追求人生的三不朽，即立德、立功、立言。道家追求“死而不亡”。什么是死而不亡？简单地说，只要精神永存、圆满，即为不亡不朽。这种思想从古人的“德为楷模，行为世范”，到今天“榜样的力量是无穷的”，一以贯之。

“精神”并不是虚无的，而是实实在在影响人们的行为甚至渗入心灵深处的一种能量。为获得这种能量，中国人又提出了以崇尚圣贤和“内省”为主的自我修炼文化，并以道、德、仁、义、礼五德作为日常修养的五个具体标准。如果一个民族或者个人能通过学习和自省，不断自我完善与升华，必然能在竞争中脱颖而出。

原 典

道者，人之所蹈[1]，使万物不知其所由。

注曰：“道之衣被万物，广矣，大矣。一动息，一语默，一出处，一饮食，大而八荒之表，小而芒芥之内，何适而非道也？

“仁不足以名，故仁者见之谓之仁；智不足以尽，故智者见之谓之智；百姓不足以见，故日用而不知也。”

王氏曰：“天有昼夜，岁分四时。春和、夏热、秋凉、冬寒，日月往来，生长万物，是天理自然之道。容纳百川，不择净秽。春生、夏长、秋盛、冬衰，万物荣枯各得所宜，是地利自然之道。人生天、地、君、臣之义，父子之亲，夫妇之别，朋友之信，若能上顺天时，下察地利，成就万物，是人事自然之道也。”

【注释】

①蹈：践行。《说文》解释为：蹈，践也。《广雅》解释为：蹈，履也。这里指践行，实行。

译 文

所谓道，就是宇宙万物、人类社会运行不竭的自然准则。“道”虽然支配着天地万物的生成变化，却很少有人知道它们运动变化的由来。

张商英注：“道”覆盖了宇宙万物，广阔无边。人们行止言默，进出饮食，大到无极，小到微尘，有哪个行为不在道的覆盖之下呢？用仁不能够为它命名，所以仁爱的人看到它称它为仁；用智不能够完全表尽它的意思，所以智慧的人看到它称它为智；普通人不能够看到它，所以，虽然时时在使用却不知道它。

王氏批注：天有昼夜四时的变化规律，春天和煦、夏天炎热、秋天凉爽、冬天寒冷，太阳月亮一来一往，大地万物自然生长，这是天理自然之道。海纳百川，不管它是干净的还是污浊的。春生，夏长，秋盛，冬衰，宇宙万物或者茂盛或者枯萎都能得到它们应该得到的，这是地利自然之道。人规仪了天与地、君与臣的道义，父与子的亲情，夫与妇的不同，朋友间的诚信等伦理；如果能够顺应自然运行的时序，调查研究地理的优势，成就万物自然生长，这就是人事自然之道。

评 析

从宏观方面讲，万物皆在宇宙整体中生存，无论言谈、动作，无不举步践行着“道”，实行着“道”。“道”是个外延无限大、内涵几近于零的概念。它简单到无法再简单，只有一个字；它又复杂到无法再复杂，大到无极，小到微尘，甚至人的一呼一吸，一啜一饮，都在道之中。

所以，道与物的关系，如同水与波的关系，水即波，波即水，水波一体；道即物，物即道，道物不二。

虽然“道”难以琢磨，但人要想建功立业成就大事，必须要问道、学道以明道；还要修道、体道合大道，才能得道多助，自助天助！明道者顺道，顺道者，事易成，此乃文武二王之道；失道逆道，事必败者，此乃桀纣之败。

原 典

德者，人之所得，使万物各得其所欲[①]。

注曰：“有所求之谓欲。欲而不得，非德之至也。求于规矩者，得方圆而已矣；求于权衡者[②]，得轻重而已矣。求于德者，无所欲而不得。君臣父子得之，以为君臣父子；昆虫草木得之，以为昆虫草木。大得以成大，小得以成小。迩之一身，远之万物，无所欲而不得也。”

王氏曰：“阴阳、寒暑运在四时，风雨顺序，润滋万物，是天之德也。天地草木各得所产，飞禽、走兽，各安其居；山川万物，各遂其性，是地之德也。讲明圣人经书，通晓古今事理。安居养性，正心修身，忠于君主，孝于父母，诚信于朋友，是人之德也。”

【注释】

①欲：从“欠”，“谷”声。“欠”表示有所不足，故产生欲望。《说文》解

释为：欲，贪欲也。这里指想得到的或想达成的愿望。

②权衡：称量物体轻重的器具。权，秤锤；衡，秤杆。

译　文

所谓德，就是指人的所得，就是让世间万物各得其所、各尽其能。

张商英注：有所需求叫作欲望。有欲望却不能得到满足，这是违背性情的。从圆规、方尺中得到的是圆形和方形罢了；从秤锤、秤杆中得到的是轻重分量罢了。从德中追求，没有什么欲望不能实现。君臣、父子之间拥有它得以成为君臣、父子；昆虫、草木之间拥有它得以成为昆虫、草木。大的得到它从而成就其大，小的得到它从而成就其小。近到自身的生命，远到万事万物，没有拥有欲望而不能得以实现的。

王氏批注：气候在四季运行中产生阴阳、冷热的变化，刮风下雨，滋润万物，这是天的德行。自然植物各自得到自己的产出，飞禽走兽自然地生存在各自的区域，山川万物如其所愿，保持本性，这是地的德行。弄清楚并讲明白智圣先贤的经典，通晓古今事情的道理，安然地生活，陶冶心性，正其心、修其身，对君主忠诚，对父母孝顺，对朋友诚实守信，这是人的德行。

评　析

规划一片树林，让树木自由成长，啜饮甘霖雨露，追求天空阳光；规划一片天地，让孩子自己打拼，发挥特长，实现远大理想；打造一个平台，让员工人尽其才，皆得所愿，实现职业梦想！如果你能助别人心想事成，你自己当然也能美梦成真！所以最好的领导要帮员工成就梦想，即“使万物各得其所欲”，能做到这一点的必是道德高深之士。

孔子说：“德不孤，必有邻。”有道德的人，永远不会让自己孤立起来，山深则兽归之，渊深则龙归之，道高则好运来，德高则贤人聚。

原典

仁者，人之所亲，有慈惠①恻隐②之心，以遂其生成。

注曰：“仁之为体，如天，天无不覆；如海，海无不容；如雨露，雨露无不润。慈惠恻隐，所以用仁者也。非亲于天下，而天下自亲之。无一夫不获其所，无一物不获其生。《书》曰：‘鸟、兽、鱼、鳖咸若。’《诗》曰：‘敦彼行苇，牛羊勿践履。’其仁之至也。”

王氏曰：“己所不欲，勿施于人。若行恩惠，人自相亲。责人之心责己，恕己之心恕人。能行义让，必无所争也。仁者，人之所亲，恤孤念寡，周急济困，是慈惠之心；人之苦楚，思与同忧；我之快乐，与人同乐，是恻隐之心。若知慈惠、恻隐之道，必不肯妨误人之生理，各遂艺业、营生、成家、富国之道。”

【注释】

①慈惠：仁爱，恩惠。

②恻隐：恻，悲伤；隐，伤痛；恻隐，对别人的不幸表示同情。见到遭受灾祸或不幸的人产生同情之心。出处《孟子·告子上》："恻隐之心，人皆有之。"

译　文

所谓仁，指的是人与人、人与万物之间相互亲爱的关系，有慈悲恻隐之心肠，让万事万物都能遂其所愿，各有所成。

张商英注：仁爱的本体如同上天，上天没有覆盖不到的地方；如同大海，大海没有容纳不了的河流；如同雨露，雨露没有滋润不到的事物。慈爱、施惠、恻隐、同情是应用仁爱的具体表现啊！真正具有仁爱的人，虽然不刻意去和天下万物亲近，但是天下万物无不自觉自愿地亲近他。因为，没有一个人得不到他想要的，没有一物不生机勃勃。《尚书》上说：鸟兽鱼鳖都这样顺利地孳长。《诗经》中说：在那路旁聚集丛生的苇草，不要放牧牛羊去践踏。这大概就是仁爱的最高表现吧。

王氏批注：自己不愿意的，也不强加给别人。如果一个人愿意施惠他人，那他人自然与他亲近。用要求他人的心来要求自己，用宽恕自己的心宽恕他人。能行义辞让的人，一定没有人能争得过他。有仁义的人，是人们愿意亲近的人。关怀鳏夫、寡妇、孤儿、独老，周济困急，这是慈惠之心；他人的苦恼如同自己的苦恼，自己的快乐如同别人的快乐，这是恻隐之心；一个人如果知道慈惠、恻隐之道，一定不会妨碍别人的生活道路，每个人都有自己的职业、营生，这是维护好国和家的办法。

评　析

“仁”是儒家思想的核心之一。“仁”特别强调先人后己，为别人着想。但具体什么是“仁”呢？一言以蔽之，“仁”的思想即是，己所不欲勿施于人，己所欲亦施于人。“仁”的表现是慈爱、真诚、自然、恭俭、谦让，应对事物宽宏忠恕、怜悯体恤、忧伤慈悲、遂物顺理，无一物不获其生，无一事不获其成。

从自己做起，首先要从心做起，如果你是时时能设身处地体会别人的难处悲苦的人，那即是具有仁爱之心的人。当你用这样一颗心对待世界的时候，世界也会以同样的方式回报于你。“爱出者爱返，福往者福来。”

那么具有了仁爱之心，做好了身边的事，究竟是为了什么呢？答案是，成己为人！先人后己是“一切为他人”的最高境界。“己欲立而立人，己欲达而达人。”这样一来不但使自己的道德修养大为提高，更能给自己带来人气，给自己赢得更多的尊重和拥戴，令自己的人生和事业都顺风顺水。

原　典

义者，人之所宜①，赏善罚恶，以立功立事。

注曰：“理之所在，谓之义；顺理决断，所以行义。赏善罚恶，义之理也；立功立事，义之断也。”

王氏曰："量宽容众，志广安人；弃金玉如粪土，爱贤善如思亲；常行谦下恭敬之心，是义者人之所宜道理。有功好人重赏，多人见之，也学行好；有罪歹人刑罚惩治，多人看见，不敢为非，便可以成功立事。"

【注释】

①宜：从"宀"从"且"。"宀"指处所、地点；"且"意为加力、用力。"宀"与"且"联合起来表示力量用在指定的地方，即《苍颉篇》所言："宜：得其所也。"本义为力与着力点匹配。《说文》：宜，所安也。《尔雅》：宜，事也。这里指适宜。

译　文

所谓义，是指人应该遵从的行为规范，人们根据义的原则奖善惩恶，以立功成事。

张商英注：道理所在的地方叫作义，按照道理而进行决断，是施行义的办法。奖赏善行，惩罚罪恶，是义的道理；建立功劳，成就事业，是义的决断。

王氏批注：心量宽广，能与各种人交往；志向远大，使人民安于你的领导；轻视金钱如同粪土，爱惜人才如同爱亲人；对下也能怀有一颗谦卑恭敬的心。这些是有义者行义的道理。有人做了好事，就奖赏他，让更多的人看到，使他人也学着做好事；有歹人做坏事，就要惩治他，让更多的

人看到，使他人不敢为非作歹。这样便可以立功成事。

评　析

义是指人办事时要合时宜，合乎事理，处世要得体，让人感到舒服。“义”是一个为人处世的判断标准，符合这个标准的就是善，就应该得到奖励，而违背这个标准的就是恶，就要受到处罚。

天地万物均在自然相合的平衡和谐之中生生不息。以朝政来论，君主如果心正意诚，臣子忠贞清廉，国纲必振，万民必礼，百业兴旺，四海必服；再以家道论之，父母慈爱抚育，子孙孝敬赡养，哥哥姐姐爱护弟弟妹妹，弟弟妹妹敬重哥哥姐姐，夫唱妇随。如此，则六亲必合而家道齐兴。凡事皆然。

顺事物之理者为善，应表彰嘉奖；逆事物之理者为恶，应决断而罚。杀一人而三军震者，杀之；奖一人而三军悦者，奖之！故朝政有法，家庭有规，行军有律，工匠自有规矩。使人、事、物各得其宜，各顺其理，必然建立功绩，成就事业。

原　典

礼者，人之所履，夙兴夜寐①，以成人伦之序。

注曰：“礼，履也。朝夕之所履践而不失其序者，皆礼也。言、动、视、听，造次必于是，放、僻、邪、侈，从何而生乎？”

王氏曰：“大抵事君奉亲，必当进退承应，内外尊卑，须要谦让恭敬。侍奉之礼，昼夜勿怠，可成人伦之序。”

【注释】

①夙兴夜寐：夙，早；兴，起来；寐，睡。早起晚睡，形容非常勤奋。出自《诗经·卫风·氓》：“夙兴夜寐，靡有朝矣。”

译 文

所谓礼，就是人们所身体力行的做人处事的行为规范。应为此兢兢业业，夙兴夜寐，谨守并维护君臣、父子、夫妇、朋友等伦常关系和规范！

张商英注：所谓礼，身体力行也。人们从早到晚应该遵循的规范都是礼。如果言谈举止、耳目所见、所有的长幼向序都践行礼的规范，那么，放荡奸邪、奢侈淫靡的现象又从哪里产生呢？

王氏批注：大体而言，事于君王，侍奉父母，应当时刻恭候应承而或进或退。家里家外、长辈晚辈的应承应该谦虚礼让，恭敬尊重。躬行这样的侍奉礼仪，昼夜切勿懈怠，这样就可以形成人伦秩序。

评 析

礼，对国而言，就是国家的法律法规；对组织而言，就是规章制度；对家庭而言，就是家道家风；对个人而言，就是礼仪规范。礼是维护社会秩序、组织发展和人与人之间关系的重要原则，有了它，社会才能井然有序，组织才能有序发展，人们才能和谐相处，国家才能长治久安。

子曰：“非礼勿视，非礼勿听，非礼勿言，非礼勿动。”由此可证，“礼”是人伦的自然之序，无论清晨起床，夜晚寝寐，均须履践遵循而不可失其常。天生万物，皆有所属，决不能由着自己任性妄为，我们只有积极并谦恭地遵从社会礼仪规范，礼尚往来，才能最终维护自己乃至全社会的利益！

原 典

夫欲为人之本，不可无一焉。

注曰：“老子曰：‘夫失道而后德，失德而后仁，失仁而后义，失义而后礼。’失者，散也。道散而为德，德散而为仁，仁散而为义，义散而为礼。五者未尝不相为用，而要其不散者，道妙而已。老子言其体，故曰：‘礼者，忠信之薄而乱之首。’黄石公言其用，故曰：‘不可无一焉。’”

王氏曰：“道、德、仁、义、礼此五者是为人，合行好事。若要正心、修身、齐家、治国，不可无一焉。”

译 文

凡是想要修身立业的根本，道、德、仁、义、礼这五个标准缺一不可。

张商英注：老子说："道散失了然后才有德，德散失了然后才有仁，仁散失了然后才有义，义散失了然后才有礼。"这五个方面未尝不相互作用，而关键是使之不散失，这就是天道的神妙而已。老子强调的是天道的本体，所以，礼这东西，标志着忠信的不足，而且意味着祸乱的开始。黄石公强调天道的功用，所以，这五种思想体系是缺一不可的。

王氏批注：天道、德行、仁爱、正义、礼制，这五种品质彼此为用才可以做人、成事。想要实现正心、修身、齐家、治国的抱负，这五者缺一不可。

评 析

只要是人就有欲望，而且欲壑难填。竭泽而渔，再无机会；破坏生态，必受惩罚。你取的时候，可能会伤害了别人的利益，随之就是争斗。所以，这时候就需要天道、德行、仁爱、正义、礼制这些规则来制衡。符合这些规则，或者守住其中的几项规则，你就可能成就一番事业；但如果你违背了这些规则，可能会一事无成甚或身败名裂。

原 典

贤人君子，明于盛衰之道，通乎成败之数；审乎治乱之势，达乎去就之理。

注曰："盛衰有道，成败有数，治乱有势，去就有理。"

王氏曰："君行仁道，信用忠良，其国昌盛，尽心而行；

君若无道，不听良言，其国衰败，可以退隐闲居。若贪爱名禄，不知进退，必遭祸于身也。能审理乱之势，行藏必以其道，若达去就之理，进退必有其时。参详国家盛衰模样，君若圣明，肯听良言，虽无贤辅，其国可治；君不圣明，不纳良言，疏远贤能，其国难理。见可治，则就其国，竭力而行；若难理，则退其位，隐身闲居。有见识贤人，要省理、乱道理，去、就动静。”

译 文

贤人君子都能看清国家兴盛、衰亡的道理，通晓事业成败的规律，明白社会政治修明与纷乱的形势，懂得隐退仕进的原则。

张商英注：兴盛或衰败有一定的道理，成功或失败有一定的规律，安定或大乱有一定的苗头，离去或留下有一定的道理。

王氏批注：假如君主施行仁政，任用忠臣良将，国家繁荣昌盛，贤人君子就应尽心做事；假如君王不行正道，听不进良言，国家衰落，贤人君子就应退隐闲居。倘若贪恋功名利禄，不懂得进退的道理，必定会有祸患临身。能看清社会治乱的趋势，进退都依照形势而判；能懂得退进的原则，也就可以选择时机，或进或退。参酌详审国家盛衰的形势，君王如果英明，能察纳雅言，即使没有良臣辅佐，他的国家也一样能够治理；君王如果不英明，不采纳良言，疏远有才德的人，他的国家就难以治理。见到可以治理的国家，就进去，尽力做事。如果不能治理，就从职位上退下来，退隐闲居。有见识的圣贤，需要觉悟到治与乱的规律，从而做出进退的选择。

评 析

天地万物，在自然之道的运化之中，自有生杀之机。故盛衰循环，成败交替，治乱往复，其中有道、有数、有理。天理昭昭，不差毫厘。只有体之以道德，行之以仁义，践之以礼者，才是兴盛之机会、成功之表现、大治之征兆。离道德、背仁义、逆礼仪者，是衰之征、败之因、乱之始。

俗语说："世事难料"，但万物的发展皆有征兆，个人对事物的判断至关重要，黄石公用"明""通""审""达"四个字来强调这种判断力。

一流的眼光决定一流的事业，想做一个成功的人，必须要投身一个有前途的事业当中。但是，一流的事业是否适合你，也是一个需要考虑的问题。古代有一个人到处学习本领，立志当屠龙之士。可是天下本无龙，他怎么成就自己的事业呢？因此，面对这种情况，就需要审时度势，一旦发现环境并不适合你的发展，那么就要"达乎去就之理"。

世界上的任何事都有其自身的规律，成功者之所以成功，就是因为明白而且顺应了这种规律。成功者就像是登山者，事物的规律就像山上的道路。找对了道路，事半功倍；找不对道路，瞎闯乱窜，结果只能事倍功半，甚至一无所成。在找寻道路的过程中，还要将自身的因素考虑进去，量力而行，量"度"而行。什么是"度"？就是适合你！牛车上了高速公路，可能是灾难；跑车进入崎岖山路，可能跑不过牛车。所以，登山者应该明白，哪里该逆势而上，哪里该顺势而下，哪里该回心转意……这就是"明""通""审""达"的妙用。

原　典

故潜居抱道，以待其时。

注曰："道犹舟也，时犹水也。有舟楫之利而无江河以行之，亦莫见其利涉也。"

王氏曰："君不圣明，不能进谏、直言，其国衰败。事不能行其政，隐身闲居，躲避衰乱之亡。抱养道德，以待兴盛之时。"

译　文

因此，当条件不成熟时，墨守正道，隐居韬晦，等待时机的到来。

张商英注：道，就像船一样；时机，就像水一样。有了船只、船桨的便利却没有江河之水来使它运行，就不可能知道船只、船桨有利于渡河。

王氏批注：如果君主不贤明，听不进忠言和真话，国事衰败，做事不能够实现自己的政治抱负，就不如隐藏起来，躲避衰败、混乱的败局，修炼自身道德素养，等待兴盛发达之时。

评　析

有志者事竟成？不一定！鸡蛋立志碰石头，结果鸡蛋粉身碎骨！所以成事只有志向还不够，还要识时务。孟子曰："虽有智慧，不如乘势，虽有镃基，不如待时。"意思是，虽然有智慧，不如赶上一个好时机；虽然有种田的锄头，不如按照时令播种耕作。

所以，贤人君子审时度势，不苟安，不妄为，龙卧南阳怀器隐居，内以养志外以养德，使自己具备达天道、有德行、明仁爱、守正义、通礼仪这些品德，等时机来临。正所谓“玉在椟中求善价，钗在奁内待时飞。”子曰：“宁武子邦有道则知，邦无道则愚；其知可及也，其愚不可及也。”意思是，宁武子是一个处世为官有方的大夫，当国家政治开明，形势好转，对他有利时，他就能充分发挥自己的聪明智慧，为卫国的政治竭力尽忠。当君主昏暗无度，形势恶化，对他不利时，他就退居幕后装起糊涂，以便等待时机。孔子很有见地地说，他那种聪明别人可以做得到，但他那种装糊涂就不是一般人能做得到了。可见，审时度势也是一种智慧。

原　典

若时至而行，则能极人臣之位；得机而动，则能成绝代之功；如其不遇，没身而已。

注曰：“养之有素，及时而动；机不容发，岂容拟议者哉？”

王氏曰：“君臣相遇，各有其时。若遇其时，言听事从；立功行正，必至人臣相位。如魏徵初事李密之时，不遇明主，不遂其志，不能成名立事；遇唐太宗圣德之君，言听事从，身居相位，名香万古，此乃时至而成功。事理安危，明之得失；临时而动，遇机会而行。辅佐明君，必施恩布德；理治国事，当以恤军、爱民；其功足高，同于前代贤臣。不遇明君，隐迹埋名，守分闲居。若是强行谏诤，必伤其身。”

译　文

一旦时机到来而有所作为，常能位极人臣；得到机会而行动，就能建立盖世之功；如果所遇非时，也不过隐姓埋名、淡泊于世而已。

张商英注：平常注重修养自身，赶上时机就立即行动。时机不容错过，哪里允许揣度议论呢！

王氏批注：君王和臣下的相遇，要靠机缘。如果赶上好的时机，君王对他言听计从，那他就能建立功名，一展所学，必然可至相辅之位。魏徵开始跟随李密的时候，因为没遇明主，就不能够实现自己的志向，不能成功成名。直到遇到唐太宗这样的圣德之君，对他言听计从，他才官居相位，流芳万古。这就是把握时机而功成名就的例子。明安危，知得失，因时制宜，等到有好的机会再施展自己的才能。辅佐贤明君王，一定向下推行恩德；治理国家，首先应当体恤军民。这样就可以建立足以比肩前代贤臣的功绩。如果没有遇到好的君主，就应该隐迹埋名，守着本分隐居韬晦。如果强行推行自己的主张，一定会使自己受到伤害。

评　析

有充分准备的人，御时而动，一旦风云际会，就能够乘势而上，开创一番大事业，实现治国、平天下的宏愿。贤人君子，怀器于身，若时机不到，就隐没自身，保全自己。但依然可以做一个道德高尚、受社会尊敬的人。如姜子牙垂钓于渭水，不钓鱼鳖，只钓诸侯；诸葛亮躬耕南阳，绝不是醉心农事，而是等待时机和明君。如魏徵初事李密之时，不遇明主，不遂其志，不能成名立事；遇唐太宗圣德之君，言听事从，身居相位，名香万古，此乃时至而成功。

每一个人成功的背后，都有漫长的准备期，主要进行心灵的修炼，潜居抱道。机会永远不找无准备之人。有了准备并不能保证你一定成功，诸葛亮如果不是赶上当时的社会时局，他也只能是“没身而已”。可见机遇、局势对于有志者的重要性。所以，智者从不与天斗，亦不与势争，而是驭势偕行。韩非子告诫人们说：“势者，胜众之资也。”审势是成功的必要条件，否则即使像尧舜这种圣人，如果不审势而行，则功不立，名不遂。魏徵遇到了唐太宗，才能得个“诤臣”之号，如果遇到商纣王，或许也会像比干一样被挖心。

原 典

是以其道足高，而名重于后代。

注曰：“道高则名垂于后而重矣。”

王氏曰：“识时务、晓进退，远保全身，好名传于后世。”

译 文

因此他的道德非常高尚，他的名声也可在后代人中受到推崇，久传不衰了。

张商英注：道德如果高尚，那么名声就会流传后代而且受到推崇了。

王氏批注：知晓时势的变化，把握进退的尺度，保全好自己，才有机会名传后世。

评 析

以此行于万物，而功绩伟大，道德足高，随之不但名显当时，而且功垂后世，流芳百世，且子孙祭祀不辍。

第二篇

德智兼备，做极品之人

（正道章）

施行仁政，以德治国，远近的贤才都会臣服。以正治国，以奇用兵，以无为安天下。如何守正？利益当前，能坚守原则，不见利忘义，把天道、德行、仁爱、正义、礼制作为做人的天理正道，便是极品之人。

正道章

题解

注曰：“道不可以非正。”

王氏曰：“不偏其中，谓之正；人行之履，谓之道；此章之内，显明英俊、豪杰，明事顺理，各尽其道，所行忠、孝、义的道理。”

译文

张商英注：大道不能不正。

王氏批注：不偏离中间，就是正。人们走的路，就是道。这一章告诉人们英、俊、豪、杰如何通晓事理，并按照各自的道义履行忠诚、仁孝、正义的道理。

评 析

“正”有两个意思：

一即“正”。说到人生韬略，许多人偏好“奇谋”，总想出奇制胜，殊不知世间最简单的道理，才是正道天理。道、德、仁、义、礼五者，就是做人处世的正道。守正方能出奇。以正治国，以奇用兵，以无为安天下，本章告诉人们的就是“守正”的道理。

二即“证“也。此章主旨是阐发自然之道的作用及功能。本章内容主要有三部分：第一部分是以出乎其类、拔乎其萃——“俊”的德行、才质来证明大道的体性；第二部分是以坚强刚毅、人中殊甚——“豪”的仪表、清廉来证实大道的作用；第三部分是以特出卓越、刚毅坚贞——“杰”的浩然正气来证明大道的功能。

原 典

德[1]足以怀远。

注曰：“怀者，中心悦而诚服之谓也。”

王氏曰：“善政安民，四海无事；以德治国，远近咸服。圣德明君，贤能良相，修德行政，礼贤爱士，屈己于人，好名散于四方，豪杰若闻如此贤义，自然归集。此是德行齐足，威声伏远道理。”

【注释】

①德：从“彳”，表示与行走有关。本义：登高，攀登。意指顺应自然、社会和人类客观规律去做事。这里指品德高尚。

译 文

品德高尚，则可使远方之人前来归顺。

张商英注：怀，是心中真心诚意地服从的意思。

王氏批注：施行仁政以安百姓，四海平安无事。以德治国，远近的百姓都会臣服。有德的君主，有贤能的臣子相助，修炼自己的道德，并把德行施行在政治上，礼遇贤良，屈己待人，这样一来，好的名声就传播到远方，豪杰人士听到这样的贤明仁义，自然就归附过来。这就是修炼自己的道德，并在施政时躬行道德，好名远扬，能够使远方的人心悦诚服地归顺的道理。

评 析

德高足以服人，量宽足以容人，道德高尚的人，以天下为己任，不拘泥个人小利，尊敬贤者，爱惜人才，自然使人心悦诚服，使天下豪杰闻风而动，甘愿归附。战国四公子之一的孟尝君，就是一个品德高尚的人，他的门客最多时可达三千人；孔子弟子最多时，竟然也有三千之众，且来自不同的诸侯国。大家不远万里而来，看中的正是他们品德高尚这一点。

空谷回音，你所得到的，就是你曾经给予世界的。“得道多助，失道寡助。”德行充实于内心的人，其神奇力量在无形中吸引着万物，故使人内怀喜悦之心，近者归，远者服。

原　典

信[①]足以一[②]异[③]，义足以得众。

注曰：“有行有为，而众人宜之，则得乎众人矣。天无信，四时失序；人无信，行止不立。人若志诚守信，乃立身成名之本。君子寡言，言必忠信。一言议定再不肯改议、失约。有得有为而众人宜之，则得乎众人心。一异者，言足下之道一而已矣，不使人分门别户。赏不先于身，利不厚于己；喜乐共用，患难相恤。如汉先主结义于桃园，立功名于三国；唐太宗集义于太原，成事于隋末，此是义足以得众道理。”

【注释】

①信：信用。这里指守信。

②一：综合，统一。

③异：不同。

译　文

真诚守信可以使不同意见的人归于统一，做事情合乎道义就足以获得众人的支持和拥护。

张商英注：有行动有作为，而且众人感到适宜，就会博得众人的拥护。上天失去信用，四季就会错乱；人没有信用，就不可能有建树。心诚守信是立身成名的根本。所以，君子大都少言寡语，但一旦说出来就必定履行诺言，再不肯毁约。“一异”是说，天道只有一个，并没有那么多的分歧别类。自己不先于别人得到奖赏，利益自己不过多占有。有乐同享，有苦同当。就像蜀汉刘备当初与关羽张飞桃园结义，最终在三国时成就功名；李世民在太原广行仁义，最终在隋末成就霸业。这就是依靠仁义可以得到群众拥戴的道理。

评　析

得人千金不如得季布一诺，商鞅为树立政府威信，徙木赠金，讲的都是关于诚信的故事。如果一个人能坚守诚信，行止有义，一定能激荡起人们心中的涟漪，这也叫“守正出奇”。

金、木、水、火四类物体，它们的性质与现象，不但截然不同，而且各具特性而相克。唯独宽广、忠厚、诚实、稳固的土能使四类综合而统一。木非土不长，金无土不生，火离土不燃，水背土泛滥。因此，人应取法土的诚实稳固之德，对事物应以宽宏、忠厚对待之。表里如一，言行一致，方可取信于民，统一异议。

原 典

才[1]足以鉴[2]古，明足以照下。此人之俊也。

注曰："嫌疑之际，非智不决。"

王氏曰："古之成败，无才智不能通晓今时得失；不聪明难以分辨是非。才智齐足，必能通晓时务；聪明广览，可以详辨兴衰。若能参审古今成败之事，便有鉴其得失。

"天运日月，照耀于昼夜之中，无所不明；人聪耳目，听鉴于声色之势，无所不辨。居人之上，如镜高悬，一般人之善恶，自然照见。在上之人，善能分辨善恶，别辨贤愚；在下之人，自然不敢为非。

"能行此五件，便是聪明俊毅之人。

"德行存之于心，仁义行之于外。但凡动静其间，若有威仪，是形端表正之礼。人若见之，动静安详，行止威仪，自然心生恭敬之礼，上下不敢怠慢。

"自知者，明智人者。明可以鉴察自己之善恶，智可以详决他人之嫌疑。聪明之人，事奉君王，必要省晓嫌疑道理。若是嫌疑时分却近前，行必惹祸患怪怨，其间管领勾当，身必不安。若识嫌疑，便识进退，自然身无祸也。"

【注释】

①才：贤能；才干。

②鉴：从“金”，“监”声。本义：古代用来盛水或冰的青铜大盆。《说文》解释为：鉴，大盆也，可以取明水于月。《广雅》解释为：鉴谓之镜。鉴古是指以古代的经验教训来指导今天的行为。

译 文

才识杰出，可以通古鉴今，聪明睿智、贤明通达可以知众、容众，晓谕属员；具备这样的“德、信、义、才、明”五种品质的人就是人中之“俊”。

张商英注：遇到疑惑难辨的事情时，如果不具有智慧就不能决断。

王氏批注：参照古人成败的事例，如果没有才智，就不能通晓现在的得失；如果不够聪明，就不能分辨是非。才智双全，必能了解当下的情况；聪明广闻，必能够判明兴衰。如果参照从古至今的那些成功和失败的事迹，就能够鉴别现在的所为正确与否。

天上有日月运行，照耀于昼夜，没有什么东西不被照见。人如果耳聪目明，体察古今形势的转变，没有什么东西不能判断。身居高位，如镜高悬，人们的善恶贤愚就都能够很自然地看清了。身居要职的人倘若能够明辨是非，底下的人就不敢为非作歹了。

德行高尚、恪守信用、办事公正、博学多才、明智通达——具备这五种品质的，就是聪明俊毅之人。德行存于内心，于外仁义躬行，举手投足间颇具威仪，端庄大方，符合礼仪。众人见到了，自然心生恭敬之心，从君王到臣下，没有人敢怠慢。

自知的人，也就是明智的人。“明”是能够省悟体察到自己的善恶，

"智"是可以感受到别人对自己是猜疑还是信任。聪明的人侍奉君王，一定要弄明白这个"猜疑"的道理。如果正在被猜疑，还要主动做事，一定会惹上祸患、遭受责备。在这期间，自身一定不安全。如果知道被猜疑，而知进退，自然就不会受到伤害。

评 析

东汉刘劭认为：英雄是由"英才"的聪、明、智和"雄才"的力、勇、胆六种要素组成。聪能谋始，明能见机，胆能决之，然后可以为英。取舍之间，必有得失。选择道路、破解困惑、助人决断需要的是智慧。处事得当、随机应变、知人善用则需要聪明。

才气过人，勇能行之，智足断事，乃可以为雄。故英可以为相，雄可以为将。英只能得英才，雄只能得雄才。二者兼备是为英雄，才可以为王！一人身兼英、雄，乃能使英役雄，故能成大业也。

原 典

行[①]足以为仪表[②]，智足以决嫌疑[③]，信可以使守约[④]，廉可以使分财。此人之豪也。

王氏曰："诚信，君子之本；守己，养德之源。若有关系机密重事，用人其间，选拣身能志诚，语能忠信，共与会约；至于患难之时，必不悔约、失信。

"掌法从其公正，不偏于事；主财守其廉洁，不私于利。

肯立纪纲，遵行法度，财物不贪爱。惜行止，有志气，必知羞耻；此等之人，掌管钱粮，岂有虚废?

“若能行此四件，便是英豪贤人。”

【注释】

①行：行为，表现。

②仪表：容貌、姿态、标准、楷模。

③嫌疑：疑惑。

④约：事先约定、共同遵守的盟约。

译 文

行为端正可为人师表，能明辨是非足可以析疑解惑，诚信可以坚守事先商定的盟约，清白廉洁可以秉公分财。具备这些品质的人，就是人中之豪杰。

王氏批注：诚信是君子的基础，安守本分是培养品德的根源。如果关系到机密的重大事情，用人期间，选择行为态度诚意正心、言语忠诚信实的人，与他共同订立会约。一旦有了忧患灾难，他一定不会违背协议，丧失信用。

掌管法律采取公正的原则，做事不失偏颇；掌管财务遵守廉洁的原则，不私拿好处；能够制定法度，遵行法度，不贪爱财物，珍惜自己的一言一行，有上进心，必定知道羞耻。让这样的人掌管税收财物，怎么会玩忽职守、荒废事业？

评 析

行为端正，严格地要求自己，做自己该做的，不做自己不该做的，要做就做到最好！如此则能给人们在做人上做楷模，行事上做师表；明辨是非为智，不辨是非为愚，有足够智慧，逢事可以析疑解惑，英明决断；信守诺言，说一不二，可以坚守事先商定的盟约；清明廉洁，大公无私，分财公平。具备这些品质的人，就是人中之豪杰。

古今中外很多有大成就者，都拥有成功的特质，与其说是特质，倒不如说是成功者共有的品质，其中决策力、贯彻力、自制力、学习力就是最基本的四项素养。

比如说自制力，几乎是每一个成功者都必须具备的能力。它使人坚持自己的信念，给人百折不挠的毅力，在抗争种种挑战的过程中，永远不会因为途中的诱惑而迷失方向。成功者坚定目标，在财、色、名、利的引诱前都能知止戒定，自我克制。能控制住自己的人，必成大器！

原 典

守职[①]而不废[②]。处义而不回。

注曰："孔子为委吏[③]乘田[④]之职是也。迫于利害之际而确然守义者，此不回也。"

王氏曰：“设官定位，各有掌管之事理。分守其职，勿择干办之易难，必索尽心向前办。不该管之事休管，逞自己之聪明，强揽览而行为之，犯不合管之事：若不误了自己之名爵，职位必不失废。

“避患求安，生无贤易之名；居危不便，死尽效忠之道。侍奉君王，必索尽心行政；遇患难之际，竭力亡身，宁守仁义而死也，有忠义清名；避仁义而求生，虽存其命，不以为美。故曰：有死之荣，无生之辱。

“临患难效力尽忠，遇危险心无二志，身荣名显。快活时分，同共受用；事急国危，却不救济，此是忘恩背义之人，君子贤人不肯背义忘恩。如李密与唐兵阵败，伤身坠马倒于涧下，将士皆散，唯王伯当一人在侧，唐将呼之：‘汝可受降，免你之死。’伯当曰：‘忠臣不事二主，吾宁死不受降。’恐矢射所伤其主，伏身于李密之上．后被唐兵乱射，君臣迭尸，死于涧中。忠臣义士，患难相同；临危遇难，而不苟免。王伯当忠义之名，自唐传于今世。”

【注释】

①职：职责、职位。

②废：背离、抛弃。

③委吏：即仓库管理员，做保管、会计、出纳等事务。

④乘田：主管牛羊的饲养、放牧的小吏。

译 文

恪尽职守，爱岗敬业，而不荒废松弛；恪守信义，而百折不挠，义无反顾。

张商英注：孔子曾担任掌管粮仓、管理畜牧的小吏，也能尽职尽责，这就是守职不废。在利害相迫时依然坚持正义，这就是处义不回。

王氏批注：设官职，定职位。各司其职，不挑剔公事的难易，一定要竭尽心力向前办理。不该管的事务不要管，不要依仗自己的聪明，硬性揽在自己手里去干，那会影响到自己的分内之事。如果想不误了自己的名誉和身份，必须要做到不失职、不荒废。

躲避祸患，苟且偷安，一生不会有贤德之名；遇到危险和困难，即使身死也要尽忠。侍奉君主一定会尽心办理政事，遭遇忧患苦难的时候，竭尽全力而不考虑自己，宁可保持仁义而死去，这样就会有“忠义”的美名。躲避仁义而苟且活着，虽然能保住生命，却不是美善的事情。因此说，宁要死去后的荣耀，不要苟且偷生的耻辱。

遇到忧患困难时，为君主效劳，竭尽忠诚；面临可能失败的境况，不起异心，就会一生荣耀，声名显达。快乐的时候一同享受，事情紧急、国家危难时，却不来帮忙，这是忘恩负义的小人。君子贤人是不愿意做忘恩负义之人的。隋末，瓦岗军首领李密和唐军作战失败了，受伤后从马上掉落到水沟里，将领和士兵都跑光了，只有王伯当一个人还在他身旁。唐兵将领对他喊：“你投降吧，饶你不死。”王伯当却说：“忠臣不事二主，我宁愿死也不投降。”他担心箭矢伤害到李密的身体，就自己伏在李密身体上。最后唐兵乱箭齐射，君臣身体相叠，都死在水沟里。忠臣义士，遭遇祸患时与平日并没有差异，面临危险时，并不苟求不被伤害。王伯当忠义美名，从唐代一直传到现在。

评　析

身负关乎国家安危的职责，应当逢艰险而不逃离，临大难而能坚守。

我们每个人在社会上都有属于自己的位置，也有自己的职责操守。然而，如果认真检讨起来，我们做到"守职而不废"了吗？我们轻视自己那份不起眼的"职守"，结果却与伟大擦肩而过。因为将一件小事专心做到极致，就是伟大。海尔集团总裁张瑞敏曾说："把每一件简单的事做好就是不简单，把每一件平凡的事做好就是不平凡。"

"将小事做到极致"的关键就是坚持，只要认定这是应该做的，就要信心满满地做下去。《士兵突击》中的许三多认为自己所做的事就是"有意义的事"，抱定这个信念永不放弃，结果他成功了，成了兵王！这就叫"处义而不回"。

如果一心渴望伟大、追求伟大，伟大肯定了无踪影；如果甘于淡泊，认真坚持做好每件小事，伟大却有可能不期而至。

原　典

见嫌[1]而不苟免。

注曰："周公不嫌于居摄，召公则有所嫌也。孔子不嫌于见南子，子路则有所嫌也。居嫌而不苟免，其惟至明乎。"

【注释】

①嫌：疑惑，怀疑而有可能性。《说文》解释为：嫌，疑也。这里指疑忌。

译 文

即使被人误解、猜疑，身处是非之地，仍然犯难涉嫌，做好自己应该做的事，而不会因为怕事而推脱自己的责任。

张商英注：周公居于摄政地位而不避嫌，召公在这方面却有所避嫌了。孔子会见南子而不避嫌，子路却在这方面有所避嫌了。居于嫌疑地位而不苟且避开，大概只有高明的人能够做到吧！

评 析

周公旦是西周时期的政治家、军事家、思想家、教育家，被尊为“元圣”。武王死后，其子成王年幼，就由他摄政当国。这时候就有人散布流言说：“周公有野心，有谋位篡权之嫌。”这时候周公该怎么办呢？如果明哲保身，国将大乱。于是他果断平定了叛乱，大行封赏，营建东都，制礼作乐，还政成王，心地坦然，做了他应该做的事。正所谓：行止无愧天地，褒贬自有春秋。

工作中误解、委屈都是难免的，凡成大事者，必然要有担当一切的胸怀。阿里巴巴的马云说：“男人的胸怀是被委屈撑大的。”只要将天下不好的事情都承担起来，才能做天下的君王。承载多大的苦难，就有机会迎来多大的辉煌。

原　典

见利而不苟得①，此人之杰也。

注曰："俊者，峻于人也；豪者，高于人；杰者，桀于人。有德、有信、有义、有才、有明者，俊之事也。有行、有智、有信、有廉者，豪之事也。至于杰，则才行足以名之矣。然，杰胜于豪，豪胜于俊也。"

王氏曰："名显于己，行之不公者，必有其殃；利荣于家，得之不义者，必损其身。事虽利己，理上不顺，勿得强行。财虽荣身，违碍法度，不可贪爱。贤善君子，顺理行义，仗义疏财，必不肯贪爱小利也。能行此四件，便是人士之杰也。诸葛武侯、狄梁，公正人之杰也。武侯处三分偏安、敌强君庸，危难疑嫌莫过如此。梁公处周唐反变、奸后昏主，危难嫌疑莫过于此。为武侯难，为梁公更难，谓之人杰，真人杰也。"

【注释】

①苟得：苟，苟且，随便。得，得到，取得。以不正当的手段而得。

译 文

利益当前，不苟且获取，这样的人可以称为人中之杰。

张商英注：俊者，就是才德超卓于常人的人；豪者，就是威望出众的人；杰者，就是是非明断的人。有道德，守信用，讲义气，有才华，有明断力，是俊才。拥有品行、智慧、诚信、廉洁的人，是豪才。至于杰者，只要有聪明才智和德行就足以称杰了。然而才智超群的英杰比威望出众的豪才要高明，威望出众的豪才比才德超卓的俊才要高明。

王氏批注：声名显达的人，做事如果不公正，必有祸殃。利益可以使家业兴旺，不是义取，必定损害己身。事情于己有利，在事理上却讲不通，就不要勉强去做。财物虽然可以使生命显贵，如果有违法规，也不可以贪恋。贤明善良的人，遵循道理，躬行仁义，讲求义气，疏散钱财，必定不会贪恋小利。能做到以上四点的人就是人中之杰。

诸葛亮和狄仁杰就是公平正直人里的杰出者。诸葛武侯处在天下三分而蜀汉苟安于川蜀的时候，敌人强大而君主昏庸，危难和嫌疑莫过于此。狄梁公则处在武周、李唐国号更迭的时候，国主昏庸而皇后奸诈，危难和嫌疑莫过于此。做武侯难，做梁公更难，称他们是人杰，是名副其实啊。

评 析

财自道生，利源义取。利益当前，能坚守自己的原则，不做见利忘义的小人。黄石公认为，具备了“守职而不废、处义而不回、见嫌而不苟免、见利而不苟得”四种品质的人，就是人中之杰。

第二篇

德智兼备，做极品之人

（正道章）

俊、豪、杰三者，是中国古代对人才品评的三个标准。《淮南子》中说：智慧超过万人的叫“英”，智慧超过千人的叫“俊”，智慧超过百人的叫“豪”，智慧超过十人的叫“杰”。

不论怎么界定人才，天道、德行、仁爱、正义、礼制这五者，始终是人才的核心。《素书》中关于俊、豪、杰三种人的划分，也以上述五德为基础。想做事，首先要做人，而五德正是做人的天理正道，故本章名为《正道章》。

第三篇

慈航指迷，得人求才金鉴

（求人之志章）

欲成就伟大的功业，须得其人，欲得其人，必先求人之志，求人之志的标准是“德”，“德”是人们活动的总规则，得则成，失则败。此章通篇围绕“德”，列举了十八条求人之志的准则。

求人之志章

题　解

注曰："志不可以妄求。"

王氏曰："求者，访问推求；志者，人之心志。此章之内，谓明贤人必求其志，量材受职，立纲纪、法度、道理。"

译　文

张商英注：心志是不可以随意探求的。

王氏批注："求"就是访问推求的意思；"志"就是人的心志。这一章内，说明德才兼备的人一定会追求自己的志向，衡量自身的才能接受相应的职务，树立纲纪、法度、规则。

评 析

德才兼备的人一定会追求自己的志向，衡量自身的才能才决定是否接受某个职位，故欲成大业，需得其人，要得其人，先知其志，故以“求人之志”为章名。

为什么人各有命？那是因为人各有志！林肯说：泉水喷起的高度不会超出它的源头！志向决定心态，心态决定状态，状态决定工作和生存的状况！

相传，有一位哲学家来到一个建筑工地，分别问三个正在砌砖的工匠：“你在干什么？”第一个工人头也不回地说：“我在砌砖。”第二个工人抬头看了看说：“我在砌一堵墙。”第三个工人满怀憧憬地说：“我在建一座教堂。”听完回答，哲学家马上就判断出三个人的未来：第一个人心中眼中只有砖，他这一辈子能把砖砌好就不错了；第二个眼中有墙，心中有墙，好好干，能当个工头什么的；唯有第三位，必成大器，因为他有远大的目标——他心中有一座殿堂。

人之志向犹如灯塔，它是指引人成长进步的目标，有了它，就有了进步的方向；有了它，就有了进步的动力。

原 典

绝嗜[1]禁欲，所以除累[2]。

注曰：“人性清净，本无系累；嗜欲所牵，舍己逐物。”

王氏曰：“远声色，无患于己；纵骄奢，必伤其身。

"虚华所好，可以断除；贪爱生欲，可以禁绝，若不断除色欲，恐蔽塞自己。聪明人被虚名、欲色所染污，必不能正心、洁己；若除所好，心清志广；绝色欲，无污累。"

【注释】

①嗜：从"口"。《说文》解释为：嗜，嗜欲，喜之也。指过分的贪求与爱好。

②累：烦赘，苦恼。

译 文

杜绝不良的嗜好，禁止非分之想和过分的欲望，这是消除为外物所累的办法。

张商英注：人的性情是清洁纯净的，本来没有什么拖累，放纵自己的嗜好和欲望，必会奋不顾身而去追逐外物。

王氏批注：远离声色，自身就不会有祸患；骄横奢侈，一定会伤及自身。浮华不实的喜好能够彻底消除，贪恋欲望能够彻底禁止。如果不消除女色欲望，恐怕会使自己蒙蔽不能通达。

聪明人被空虚的名声、欲望、女色所污染，一定不能使心性向正，行为端正。如果舍弃那些喜好，则会心性清净，志向高远。根除女色欲望，就不会被污染、拖累。

评　析

只要是人，必有欲望；只要有欲望，必有牵挂；只要有牵挂，就会被其所累。志是精神的追求，欲是切身的需要。人无志而不行，欲望太多太大，反被其累。所以立志首先要从绝嗜禁欲开始，就是为了清除人生不必要的累赘。

佛陀认为：人生是悲苦的，其根源就在于人有三大嗜欲：贪婪、嗔恚、愚痴。这三大嗜欲就犹如三座大山压在我们心头，使我们心性迷乱，步履维艰，很难消除。所以，要“三打白骨精”！佛家讲戒定慧；儒家讲定静安虑得；道家讲清心寡欲。庄子说：“嗜欲深者天机浅。”也就是说，一个人的嗜欲越强烈，那么他洞察天机的概率越渺茫，成功的机会也就越小。

但人的欲望是与生俱来的，不可能完全断绝，告子曰：“食色性也。”没有欲望人就缺少了必要的动力。这里讲“绝嗜禁欲”是希望有志者控制自己的欲望，不要使之泛滥，养志等于窒欲，窒欲等于神明，神明等于成功！“人到无求品自高”！所以，要节制，损兑！

原　典

抑[①]非损恶，所以禳[②]过[③]。

注曰：“禳，犹祈禳而去之也。非至于无，抑恶至于无，损过可以无禳尔。”

王氏曰：“心欲安静，当可戒其非为；身若无过，必以断除其恶。非理不行，非善不为；不行非理，不为恶事，自然无过。”

【注释】

①抑：压抑。

②禳：是去除或者消除的意思。

③过：错妄，罪过。

译　文

每天都能抑制自己不正确的行为、思想，每天都能减少一些自己的恶习，这样就可以减少过错，使自己达到完美。

张商英注：禳，犹如通过祈祷祭祀而除去灾祸。过错少到不用抑制的地步，减少恶念渐行至无的程度，就可以不用除灾消邪的祭祀了。

王氏批注：内心渴望安宁平静，可以警戒不做违法乱纪的事情，自身如果没有过错，必定因此根除罪恶。不符合道理的事不做，不符合善举的事不做；不做没有道理的事，不做邪恶的事，自然没有过错。

评　析

春秋时，晋灵公无道，滥杀无辜，臣下赵盾、士季等对他进谏。灵公表示知错了，愿意改正。士季说了一句流传千古的名言："人谁无过？过而能改，善莫大焉。"意思是说，这世界任何人都会有过错，错并不可怕，只要知错能改，就没有比这更好的事了。

能战胜自己的人，才称得上是世界上最强大的人，所以老子说"自胜者强"。

清代名臣曾国藩青年时期，初入京城，好色贪玩，后发誓要做圣人，为了避免花街柳巷的诱惑，他自己规定，晚不出门，并培养了一个好习惯，那就是每天在日记中检讨自己的不足与过错，说了什么错话、办了什么错事、动过什么邪念，都要一一记录下来，并且提出改正的措施与方法。正是他这种“吾日三省吾身”的态度，使他在人格上、事业上都达到了巅峰。

我们不妨也学学曾国藩，每天用十分钟的时间静坐下来，检讨一天的思想行为，哪些是正确的，哪些是错误的，给自己一个评判。如果能坚持几年，想必精神面貌和心理素质肯定会有一个大的提升，甚至会有面目一新、脱胎换骨的感觉。

其实，从我国古代的经典里都能发现对知错就改这种行为的推崇和赞扬。《周易》云：“见善则迁，有过则改。”意思是说，见了善行就追随，有了过错就改正。《论语》云：“过而不改，是谓过矣。”意思是说，有过错却不加以改正，这才是真正的过错。李觏的《易论第九》中写道：“过而不能知，是不智；知而不能改，是不勇也。”意思是说，有了错误而不知道有错，是不明智的表现；知道了自己的错误而不改正，是缺乏勇气的表现。《中庸》云：“知耻近乎勇。”意思是说，知道羞耻就接近勇敢了。

原典

贬[①]酒阙[②]色，所以无污[③]。

注曰：“色败精，精耗则害神；酒败神，神伤则害精。”

王氏曰：“酒能乱性，色能败身。性乱，思虑不明；神损，行事不清。若能省酒、戒色，心神必然清爽、分明，然后无昏聋之过。”

【注释】

①贬：抵制。

②阙：缺，空。

③污：垢。

译　文

减少饮酒，远离女色，所以能免受污垢。

张商英注：女色伤害人的精气，精气耗损就会伤害人的元神。饮酒伤害人的元神，元神受伤就会伤害人的精气。

王氏批注：喝酒能迷乱心性，重色会伤害身体。心性迷乱，那么思虑就不清晰；元神受伤，那么做事就不明晰。如果能减少饮酒、轻女色，就必然清爽明白，辨别明了，就不会犯昏庸、愚昧的过错了。

评　析

酒乱性，色迷人。古人早有明训，凡有大志者，切忌玩物丧志，沉迷于酒色之中，不要使自己的行为有污点。

酒能乱人之心性，色能污人之身行。性乱神昏，则放荡不羁；身染污垢，则众人厌弃。故少喝酒，少刺激，心神才能清明无垢；减少色欲，人的身行才能纯洁无污。

兰陵笑笑生（《金瓶梅》的作者）说，酒色财气，人生在世，一件也少不得；到了那结果之时，一件也用不着。人只见得酒色财气的好处，却看不到它们的害处。堆金积玉，是棺材里带不去的瓦砾泥沙；贯朽粟红，是皮囊里装不尽的臭汗粪土；高堂广厦、玉宇琼楼，是坟山上起不得的享堂灵寝；锦衣绣裙、狐服貂裘，是骷髅上穿不了的残衣败絮。即如浊酒三杯，便是穿肠毒药；艳姬一室，无非刮骨钢刀。常言道：酒是穿肠毒药，色字头上是钢刀；升官发财就进了棺材，斗气斗狠不过是唇寒齿冷。因此，低俗的人们，把酒色财气的肤浅表象，当作人生必需，只有具备真知卓识的人才能把它揭破，也才能得到真实的快乐。

古往今来因饮酒过度、贪恋美色而误事、误国甚至送命者，真是数不胜数呀！但这不是酒的过错，而是人的过错。黄石公提出“贬酒阙色”，是提醒有志者，要专注于你的目标，而不要玩物丧志。

原　典

避嫌远疑，所以不误①。

注曰：“于迹无嫌，于心无疑，事乃不误尔。”

王氏曰：“知人所嫌，远者无危，识人所疑，避者无害，韩信不远高祖而亡。若是嫌而不避，疑而不远，必招祸患，为人要省嫌疑道理。”

【注释】

①误：误讹；谬误。

译　文

避开瓜田李下的嫌隙，远离人们的疑忌，这是保证做事不出错误的办法。

张商英注：在形迹上没有嫌弃，在人心中没有疑忌，做事就不会出现错误了。

王氏批注：知道别人嫌弃什么，远离它的人没有危险；知道别人怀疑什么，避开它的人没有祸害。韩信不能远汉高祖之忌而死。如果被人猜忌而不躲避，被人怀疑而不远离，一定招来祸害。做人要知道远离嫌疑的道理。

评　析

早离不正不当的坏事，远避不明不白的疑忌，在处事做人上，可免除差错和谬误。是非之地，避而不往，免人猜疑。如瓜田李下等处即是。韩信遭嫌被杀，张良避嫌全身，文种遭嫌遇害，范蠡避嫌至圣。

“李下不整冠，瓜田不纳履。”日常行止尚且如此，更何况办大事呢？所以要在行动上避嫌，在用心时去疑，这样不但可以避免节外生枝，还可以远祸消灾。

原　典

博①学切②问，所以广知。

注曰：“有圣贤之质，而不广之以学问，弗勉故也。”

王氏曰："欲明性理，必须广览经书；通晓疑难，当以遵师礼问。若能讲明经书，通晓疑难，自然心明智广。"

【注释】

①博：多闻，丰富。

②切：贴近，切合。

译文

广泛地学习，恳切地求教，所以见多识广。

张商英注：拥有圣贤的资质却不增广自己的知识，是不勤勉的缘故。

王氏批注：要明白人性与天理，必须博览经典；要了解所有疑惑难解的问题，应当尊重老师以礼相问。如果能解释清楚经典书籍，通达了疑问，明白了难点，自然心思明亮，智慧广大。

评析

以博立世，以渊立业，自然做事如有神助。天地之间，有无穷无尽的事物，各有无穷无尽的妙用。欲晓其精微，不离多闻、多见、多学、多问，以此才能扩大自己的知识面。

立下志向，就如同造好了一艘大船，船要想远航，就得有帆，没有帆，船不能快行，志向只能变成空想。“志大才疏”，就是一艘无帆的船。那么船帆从哪里来呢？只有以学为经，以问为纬，才能编织出远航的船帆。西塞罗曾说：地不耕种，再肥沃也长不出果实；人不学习，再聪明也目不识丁。问道学道才可能快速得道，明道为道才可能成就伟业！

原　典

高行[①]微言，所以修身。

注曰：“行欲高而不屈，言欲微而不彰。”

王氏曰：“行高以修其身，言微以守其道；若知诸事休夸说，行将出来，人自知道。若是先说却不能行，此谓言行不相顾也。聪明之人，若有涵养，简富不肯多言。言行清高，便是修身之道。”

【注释】

①高行：即高尚的德行。

译　文

行为高尚，辞锋不露，这是努力提高自身品德修养的办法。

张商英注：品行要高尚而不要屈从奸邪，言论要精微而不要彰显自己。

王氏批注：品行高尚以修养自身，言辞精微以守护道德。如果明白事理，不夸耀，做出来以后，人们自然知道。如果先说却不能做到，这就是言行不一了。聪明之人，如果有涵养，无论事情简单抑或复杂，都不肯多说一句话。言语行动清静高洁，就是修身之道。

评 析

何为“微言”？即低调、少语、不狂不妄、端方正直、清廉高洁、缜密慎独、不吹不擂。

心怀大志、道德高深之人，做事有思想，做人不张扬。所谓低调做人，就是要在修养上保持自己高尚的德行，而在言语方面却要委婉，低调，不事张扬，内敛锋芒。行贵真诚，言无狂妄，是为修身之要领。

古人从中医“舌为心苗”中引申出“言为心苗”。花言巧语、夸夸其谈之人，有太多自私的目的隐藏其中，心念不正，其言当然不可听。所以古人从日常语言中要求大家修养心性，就是为了防微杜渐，防止心灵的静土中生长出邪念之花。

强大不使人惧，富有不使人忌，盛气不凌人，此守中之道。

原 典

恭俭谦约，所以自守；深计[①]远虑，所以不穷[②]。

注曰：“管仲之计，可谓能九合诸侯矣，而穷于王道；商鞅之计，可谓能强国矣，而穷于仁义；弘羊之计，可谓能聚财矣，而穷于养民；凡有穷者，俱非计也。”

王氏曰：“恭敬先行礼义，俭用自然常足；谨身不遭祸患，必无虚谬。恭、俭、谨、约四件若能谨守、依行，可以保守终身无患。所以，智谋深广，立事成功；德高远虑，必无祸患。人若深谋远虑，所以事理皆合于道；随机应变，无有穷尽。”

【注释】

①计：策略。

②穷：竭尽，缺乏。

译　文

恭敬、节俭、谦逊、节约，这是保持自身节操的办法。深思熟虑，考虑长远，好计妙策层出不穷就不至于陷入困境。

张商英注：管仲擅长计谋，尽管使齐国九合诸侯，但在成就王业方面却有不足；商鞅工于计谋，尽管使秦国强大了，但在施行仁义方面却明显缺失；桑弘羊精于计谋，尽管为汉武帝聚集了财富，但在养民方面却做得不够。凡是有缺漏不周的计谋，都不是真正的好计谋。

王氏批注：恭敬首先要遵行礼制，节俭自然常足，谨言慎行不遭祸患，如此，必定没有虚妄荒谬。恭敬、节俭、谨饬、节制这四种品质如果能谨慎自守，依此躬行，可以保护自己终身无患。所以，智谋深远广阔，做事就能够成功。道德高深，思虑长远，必定没有祸患。人如果深谋远虑，事理就都会符合于“道”，并且随着时机和情况的变化，圆转灵活应对，而智慧没有穷尽。

评 析

恭敬是做人做事的态度，勤俭是立身持家的根本，谦虚是品德才智的基础，节约自制是修身保命的法宝。真正大智慧的人，没有一个不是虚怀若谷、清雅脱俗的。只有这样，才能奠定坚实的道德根基，然后再深谋远虑，运筹帷幄，退则自保，进则立功。

荀攸是曹操的一个谋士，他自谦避祸，处处与人友善，能与人和谐相处，很善于隐蔽锋芒。他担任军师，跟随曹操征战疆场，筹划军机克敌制胜，立下汗马功劳。后被封为尚书令。在朝二十年，处于政治旋涡中上下左右，从容自如；处于极其残酷的人事倾轧中，始终地位稳定，立于不败之地。在疑心极重的曹操手下二十年，一直受到宠信，关系融洽，而且从来没人对他进行谗言陷害。善终后，曹痛哭流涕，对他的德行推崇备至，并且赞誉他为谦虚的君子和完美的贤人。可见荀攸平时非常注意周围的环境，对内对外，对敌对我都有不同的方式。参与军机，智慧过人；迎战敌军，奋勇当前；面对领导同僚，恭俭谦约，把自己的才能、智慧、功劳谨慎地掩藏起来，显得谦卑、文弱，甚至愚钝、怯懦。荀攸的智慧正是对《素书》“恭俭谦约，所以自守；深计远虑，所以不穷”的精妙注解。

原 典

亲仁友直，所以扶颠[①]。

注曰："闻誉而喜者，不可以得友直。"

王氏曰："父母生其身，师友长其智。有仁义、德行贤人，常要亲近正直、忠诚，多行敬爱；若有差错，必然劝谏、提说此；结交必择良友，若遇患难，递相扶持。"

【注释】

①颠：陨坠，覆亡，倒垮。

译 文

亲近仁爱的人，结交正直的人，这是扶持颠仆危亡局面的办法。

张商英注：听到他人赞誉就高兴的人，不能交到正直的朋友。

王氏批注：父母生其身，老师朋友增长其智慧。有仁义、德行的贤士，经常接近正直、忠诚的人，不断做恭敬友爱的事。如果别人做了错事，一定会规劝谏议，提示劝说这些差错。结交朋友必定要选择有才德的人，如果遭遇祸患困难，就会互相支持照料。

评　析

不知其人，观其友。每天和你厮守在一起的那些人的信念、价值观、生活习惯对你会有潜移默化的影响。所以，你的命运、事业和你的朋友有直接关系。所谓“鸟伴鸾凤飞腾远，人伴贤良品质高”。常和仁义君子亲近，与正直贤良者交友，不但能引导自己做人，亦可挽救以往的失败。孟子能成圣者，与孟母择邻不无关系。

那么，什么是真正的好朋友呢？《论语》说：“益者三友，损者三友。友直，友谅，友多闻，益矣。”正直的朋友，真诚大度的朋友，博学多才的朋友，可以让我们受益良多！好的朋友是事业的助力，能够在你危难之时伸出援助之手，在你内心昏暗之时点亮一盏明灯，在你迷茫时指出前行的方向，在你得意忘形之时给你当头一棒。

所以人们说，任何人的成功，背后隐藏着的都是人际关系的成功。

原　典

近恕①笃②行，所以接人。

注曰：“极高明而道中庸，圣贤之所以接人也。高明者，圣人之所独；中庸者，众人之所同也。”

王氏曰：“亲近忠正之人，学问忠正之道；恭敬德行之士，讲明德行之理。此是接引后人，止恶行善之法。”

【注释】

①恕：“恕”，从字面来看，是“如心”，也就是“如自己的心”。一般认为“己所不欲，勿施于人”就是“恕”的解释。即宽恕，以己推人。《说文》解释为：恕，仁也。

②笃：意思是忠实，一心一意，厚实，真诚，纯一。《尔雅·释诂》曰：笃，厚也。

译 文

待人厚德宽仁，而且忠实力行，这是圣贤礼贤下士的办法。

张商英注：极其高明而且行为合于中庸之道，这是圣贤礼贤下士的办法。高明是圣贤所独有的特质，中庸之道是众人所共同的准则。

王氏批注：接近忠实正直的人，学习忠诚正直的道理；尊重对待有道德品行的人，讲明道德品行的道理。这是接引、指导后辈，阻止丑恶，弘扬善行的方法。

评 析

宽恕容人，忠厚诚恳，既是一种高尚的修养，也是中华民族的传统美德。从伦理根源上讲，“宽恕”是孔孟“仁学”的具体运用；从现实意义上看，常以宽容饶人，再以己之心推人之心，在行为上真诚不妄，宽实纯朴。如此，则人人可以接近。只有忠恕待人，方可服众。

孔子的弟子子贡，有一次问孔子：“这世界上有没有一个字可以成为一个人终身行为处事的准则？”孔子回答说：“有啊，那就是‘恕’这个字。这个字的意思就是‘己所不欲，勿施于人’。”这条原则要求我们，在待人接物方面，一定要宽人厚物。

看人优点是聚灵，心中洒满阳光，开满鲜花，积极向善、向前、向上，终会得到别人的认同，获得别人的肯定，也可使人才归属自己，壮大力量，使自己的事业隆盛；反之，盯着人的缺点是收赃，心中荆棘丛生，垃圾遍地，做事刻薄寡恩，一定得不到众人的帮助。

原　典

任材使能，所以济[①]物。

注曰：“应变之谓材，可用之谓能。材者，任之而不可使；能者，使之而不可任。此用人之术也。

王氏曰：“量才用人，事无不办；委使贤能，功无不成；若能任用才能之人，可以济时利务。如汉高祖用张良陈平之计，韩信英布之能，成立大汉天下。”

【注释】

①济：本意是过河，渡过，这里指对事情有益。

译 文

任命人才、使用有能力的人担当重任，所以能成就天下大事。

张商英注：能够权变应对的人，叫作“才”；可用的人，叫作“能”。才人，任命他而不能够驱使他；能人，驱使他而不能任命他。这就是用人的方法。

王氏批注：衡量才能使用人，事情没有不能办成的；委任贤能，事情没有不能成功的。如果能同时使用有“才”有“能”的人，就可以有助于时局，得到利益，完成任务。比如汉高祖刘邦使用张良、陈平这些“才”人的计谋，使用韩信、英布这些“能”人的能力，成就了大汉天下。

评 析

德才兼备的人，本来就有通权达变的本领，遇事能应变处理，所以只能给他委任职责，不可随意支使。如随意支使，就失去了他本人的主体作用。

有能力的人，有所长，也有所短，所以要根据他的所长任用他，做到人尽其才，各安其位，就能成就一番大事业。

什么是“才能”？所谓“才”，是指能沟通权变，有运筹策划能力的人；所谓“能”，是指有很强贯彻能力，把交办的任务百分百执行到位的人。

许多成功的事业，开始时都不是由所谓精英创立的，而是一群很普通的人，但是他们每个人都可以在这份事业中将自己的才能发挥出来，所以成功了。只要有合适的环境，任何一粒种子都有可能将自己的生命价值延展到极限。

《孙子兵法》有言：“故善战者，求之于势，不责于人，故能择人而任势。”意思是说，优秀的将帅善于捕捉时机，选择合适的人才，形成有利的形势。

人无完人，管理者要善于发现人的长处，并发挥这个人的长处，避免其短处，做到知人善任。用人之长，天下无不可用之人；用人之短，天下无可用之人。在管理中，管理者知人善任是管理的第一要务。善于发现每位员工的优缺点，并恰到好处地根据员工的优缺点把每位员工放在恰当的位置，这是领导者领导力的重要体现。帮助属下做好自我分析，扬长避短，是谓要诀。

原　典

瘅①恶斥谗②，所以止乱。

注曰：“谗言恶行，乱之根也。”

王氏曰：“奸邪当道，逞凶恶而强为；谗佞居官，仗势力以专权；不用忠良，其邦昏乱。仗势力专权，轻灭贤士，家国危亡；若能绝邪恶之徒，远奸谗小辈，自然灾害不生，祸乱不作。”

【注释】

①瘅：憎恨。隋·薛道衡《隋唐祖颂》曰：“瘅恶彰善，夷凶靖难。”瘅恶

彰善，意思是憎恨恶的，表扬善的。

②谗：从“言”，“毚”声。指说人坏话。意为“悬崖上不断有水落下”。“言”指“诽谤”。“言”与“毚”联合起来表示“坏话一天到晚像悬崖之水那样不停落下（然而却看不到其源头）”。

译文

憎恨恶人与恶行，痛责谗佞与谗言，所以能制止动乱。

张商英注：谗言与恶行，这是祸乱产生的根源。

王氏批注：狡诈恶毒的人把持国政，依着凶狠恶毒而强力非为；谗佞之人做官，倚仗势力专权独裁。不任用忠诚贤良，他的邦国昏庸混乱。任用奸佞倚仗势力专权独裁，轻视迫害贤能之人，国家就会有灭亡之危。如果能根除邪恶之人，远离奸佞小人，那么灾难祸害就不会产生了。

评析

不道不德、不仁不义、妨国害民的行为，称为恶。说人坏话、奸人之私、离人骨肉、拨弄是非、破人和气的言论，属“谗言”。

天下的不宁、民间的混乱不安，多因是非颠倒、黑白混淆之所然。欲得天下太平、国家大治、人民安乐，就必须把恶人恶事当作病态一样憎恨和痛击，还要驱除不务真诚、专尚谗言的人。

原 典

推古验今，所以不惑。

注曰："因古人之迹，推古人之心，以验方今之事，岂有惑哉？"

王氏曰："始皇暴虐，行无道而丧国；高祖宽洪，施仁德以兴邦。古时圣君贤相，宜正心修身，能齐家治国平天下；今时君臣，若学古人，肯正心修身，也能齐家治国平天下。若将眼前公事，比并古时之理，推求成败之由，必无惑乱。"

译 文

推研古人的事迹，检验当今的事情，这是不陷入困惑的办法。

张商英注：根据古人的事迹，推求古人的思想，来验证当今的事情，哪里会有迷惑呢？

王氏批注：秦始皇残暴，做没有德政的事致使国家灭亡；汉高祖宽宏大量，施行仁义道德使邦国兴盛。古代的圣君贤相，应该修正自己的心性，涵养自己的德行，才能齐家治国平天下。现在的君王臣下，如果能学古人，肯正心修身，也能齐家治国平天下。如果能把现在的事情参照古人的事理，推测成功失败的原因，一定不会有困惑纷乱。

评 析

从历史的长河中总结经验，从过去的典故中汲取教训，才能明晰纷乱的事理，洞晓事物演化的规律，这是不至于陷入困惑的办法。

鬼谷子说："于是度之往事，验之来事，参之平素，可则决之。"意思是，于是在决断事情之时，可以通过观察过去的经验来衡量未来事情的发展趋势、征兆来验证，用平素现实的状况来参考佐证，如果可行的话，便要决断下来。这是鬼谷子在做决断时的一个原则，决断要综合考虑，包括过去、现在与将来的情况。鬼谷子注重从动态过程中，即从前后联系发展中做决断。以往事来度量，注重往事，即注重经验。经验是认识的基础，决策的依据，即"度之往事"。人总是从自身经验中去寻找未来的通道。注重往事，也就是注重前因分析。以来事来验证，就是要善于觉察未来的前期征兆，以做出符合发展趋势的决断，即"验之来事"。应有趋前意识，善做超前思考，做出超前认定。前瞻是对行为后果的判断，是可能性判断、超前性判断。以现实来参照，即"参之平素"。

可见，虽然我们的社会在进步，时代在变化，但过去的故事会以不同的方式重演，历史会以另一种状态重现。我们正经历的或者将要经历的，不过是在重复先人们的老故事。所以说，太阳底下没有新鲜事！不知过去，只知现在，无法预知未来。

鉴古知今。我们要善于学习与总结，将过去的、别人用大脑和血泪换来的经验融化为自己的智慧。

原　典

先揆[①]后度[②]，所以应卒。

注曰："执一尺之度，而天下之长短尽在是矣。仓卒事物之来，而应之无穷者，揆度有数也。"

王氏曰："料事于未行之先，应机于仓卒之际，先能料量眼前时务，后有定度所行事体。凡百事务，要先算计，料量已定，然后却行，临时必无差错。"

【注释】

①揆：揣测。《说文》解释为：揆，度也。就是审度、度量、估量的意思。

②度：尺码，度量。《说文》解释为：度，法制也。古者五度：分、寸、尺、丈、引谓之制。度起于人手取法，故从又，古代多用手、臂等来测量长度。

译　文

首先揆度情理，然后计算利害得失，所以可以应对突然发生的事变。

张商英注：手里掌握着一个标准尺度，而天下事情的长短全都在这里了。突发事件到来时，就可生出无穷多的策略来应付，这是因为心中有数的缘故。

王氏批注：预测事情的走向在事情还没有发生之前，突发事件来临时可以随机应变。首先能揣度眼前的时局，然后定下所做之事的办法。但凡百种事务，都要先谋划算计，估算权衡之后再去施行，事情来临时，必定不会有差错。

评 析

谋定而动，动则必成；未谋而动，晕头苍蝇！谋乃成事之本。孙子说："多算胜，少算不胜。"智者须知时、明理、顺势，权衡利弊，辩证思维。

凡成大事者，在事情还没有发生之前，就要总览全局，揆情度理，预测事情的走向，预先准备好预案，即使有突发事件，也不至于乱了阵脚。

鬼谷子曰："圣人谋之于阴，故曰'神'；成之于阳，故曰'明'"。圣人谋事在隐秘，所以被称为"神奇"；而他的成功都显现于光天化日之下，所以被称作"高明"。

郭嘉字奉孝，堪称曹操的第一谋臣，他料事如神。比如，曹操三战吕布，士卒疲惫，意欲撤军。而郭嘉却力主再战，而且料定再战必胜，结果吕布被擒。曹操征伐袁谭、袁尚，连战连克，诸将主张乘势再战，郭嘉主张撤军，结果袁谭、袁尚兄弟祸起萧墙，曹操渔翁得利。曹操战袁绍，有人担心孙策趁机偷袭许都，郭嘉说来不了；曹操征乌丸，有人担心刘表趁机偷袭许都，郭嘉说不会来。事事都有先见之明。以至于郭嘉死后，曹操赤壁大败后，大哭着说："若郭奉孝在，不使孤至此！"

其实"料事如神"也没有那么玄乎，只要将人心看透了，把形势琢磨清楚了，把时局看明白了，把趋势把握准了，自然一切都在预料之中。郭嘉其实就是把人琢磨透了，他看透了袁绍，看透了吕布，看透了孙策，看透了刘表，也看透了袁尚和袁谭兄弟，所以才能知道这些人在当时情况下会做出什么样的反应。

同样，如果你洞明了世间规律，练达了人情事缘，把握了时势局面，那一切都在你的掌控之中，这就是揆情度理的效力。

原　典

设变[①]致权[②]，所以解结。

注曰："有正、有变；有权、有经。方其正，有所不能行，则变而归之于正也；方其经，有所不能用，则权而归之于经也。"

王氏曰："施设赏罚，在一时之权变；辨别善恶，出一时之聪明。有谋智、权变之人，必能体察善恶，别辨是非。从权行政，通机达变，便可解人所结冤仇。"

【注释】

①变：反映事物转化、变化、变态等。《说文》解释为：变，更也。

②权：测定物体重量的器具。称量引申权衡，因事而变通办法。《孟子·梁惠王上》：权，然后知轻重；度，然后知长短。

译 文

权量变通，所以能解开死结。

张商英注：有正常的法则，也有变通的法则；有灵活多变的权宜之计，也有永久不移的常规之理。当事情用正常的法则不能解决时，就用变通的法则把它引到正常的情境中去；当事情用常规之理不能解决时，就用权变之法把它引到常规之理上来。

王氏批注：设置奖赏和惩罚，在于临时的灵活运用。辨别善恶好坏，取决于当时的聪明敏锐。有谋略智慧且善于随机应变的人必定能体会观察善恶，辨明是非。变通行使权力，通晓事物变化并且随机应对，就可以解开人们之间的冤屈仇恨。

评 析

事物有正常不可变的法则，但仍要有权变之策，有谋略会权变之人，必能体察细微，明辨是非，再三权衡而谋划。从权行政，通机达变。如此，就能解开事物的死结。

居安要思危，有思才有备，有备才能无患。说到知机权变，全世界的文化中，唯有中国最具有这种特质，如《道德经》《孙子兵法》《鬼谷子》等都在讲“变化”的学问。《易经》是中国文化的源头之一，而它的核心思想只有一个字，那就是“易”，“易”就是“变”，“穷则变，变则通，通则久”“持经达变”“适时而变”。同样的道理，在处理人世间各种矛盾、化解前进道路中的各种困难之时，只有通机达变，才能应对自如，摆脱困境。许多成功者，可能没有多么深厚的知识，但他们也能本能地懂得通机达变的道理。

商祖白圭说："吾治生产，犹伊吕谋国，孙吴用兵，商鞅行法。"意思是说，经商就像伊尹、吕望治国，孙子、吴起用兵，商鞅变法一样，精于筹划、讲求计谋、诚信决断。同时，白圭也强调商人要有丰富的知识，他曾说："故其智不足与权变，勇不足以决断，仁不能以取予，强不能有所守，虽欲学吾术，终不告之矣。""智"就是要有权变，善于掌握市场情况的变化，注意农业生产变化动向，及时掌握时机以谋取厚利。"勇"即在掌握市场行情的基础上，勇于决断。每年粮食丰收后大购五谷，售出丝、漆，在蚕茧上市时，便购进丝、棉等织物。"仁"即人弃我取，人取我予。"强"即敢于维护商人的正当利益，强调经营季节。智勇仁强，尽矣！

原典

括①囊②顺会，所以无咎③。

注曰："君子语默以时，出处以道；括囊而不见其美，顺会而不发其机，所以免咎。"

王氏曰："口招祸之门，舌乃斩身之刀；若能藏舌缄口，必无伤身之祸患。为官长之人，不合说的却说，招惹怪责；合说不说，挫了机会。慎理而行，必无灾咎。"

【注释】

①括：用绳或带子结扎，捆束。

②囊：口袋。

③咎：指过失，罪过，灾祸。《说文》解释为：咎，灾也。

译 文

像把袋子的口扎起来一样，谨言慎语，说话顺应时机，所以可免除过失。

张商英注：君子根据时机而发言或沉默，出处有道。谨言慎语而不表现自己的优点，顺应时机而不显露自己的机密，这是躲避过失或灾祸的办法。

王氏批注：嘴巴是招致祸害的门，舌头是砍掉自身生命的刀。如果能管住嘴巴，一定不会有伤害自己的祸患。做官长的人，不该说的却说，会招惹怪罪责骂；该说的不说，会失去机会。谨慎地顺理而为，才会没有灾患过失。

评 析

真有智慧的人，在时势凶险、社风不正、民俗混乱的情况下怎么办呢？《素书》给出了一个答案：括囊顺会！“括囊”指的是将口袋扎起来，谨言慎行。“顺会”指的是顺应时机，举止顺应着大局，不要显摆你的能耐和伟大志向，而是要韬光养晦，做好各项准备工作，静候时机的到来。这样才能免罹祸殃。

真正有能耐之人，会将内心的志向看得像宝物一般，深深珍藏于心，暗暗激励着自己。这叫捭阖之道。

当“猎物”已是囊中之物，一切都水到渠成之际，千万不要得意忘形，到处夸耀，喜极失常。只有稳住阵脚，不露声色，到手的“猎物”才不会不翼而飞。生意场中是如此，政治斗争、军事外交又何尝不是这样子呢！

春秋末期，越王勾践被吴王夫差所败。勾践被迫屈膝投降，并随夫差到了吴国，像奴隶一样臣事吴王，后被赦归返国。勾践自战败以后，时刻不忘会稽之耻，日日卧薪尝胆。公元前473年，越军大破吴国，把吴王夫差围困在吴都西面的姑苏山上，使其求降不得而自杀，勾践终报当年之辱。

想想看，如果越王勾践满世界嚷嚷要报仇雪耻，那夫差也绝不会让他活到带兵攻打吴国那一天。“卧薪尝胆”的十年，就是韬光养晦“括囊无咎”的十年！

原 典

橛橛①梗梗②，所以立功；孜孜③淑淑④，所以保终。

注曰：“橛橛者，有所恃而不可摇；梗梗者，有所立而不可挠。孜孜者，勤之又勤；淑淑者，善之又善。立功莫如有守，保终莫如无过也。”

王氏曰：“君不行仁，当要直言、苦谏；国若昏乱，以道摄正、安民。未行法度，先立纪纲；纪纲既立，法度自行。上能匡君、正国，下能恤军、爱民。心无私徇，事理分明，人若处心公正，能为敢做，便可立功成事。

“诚意正心，修身之本；克己复礼，养德之先。为官掌法之时，虑国不能治，民不能安；常怀奉政谨慎之心，居安虑危，得宠思辱，便是保终无祸患。”

【注释】

①橛橛：根深蒂固。

②梗梗：梗，植物的枝或茎，引申为刚直、刚正。如草木的茎秆般刚直的样子。

③孜孜：勤勉；不懈怠。

④淑淑：温雅善良。

译文

坚持不懈，百折不挠，才能立功；勤勉奋发，善之又善，才能有圆满的结果。

张商英注：“橛橛”，说的是有依恃的力量从而不可被动摇。“梗梗”，说的是有立身的基础从而不可被屈挠。“孜孜”，指的是更加勤勉。“淑淑”，指的是善之又善。建立功业没有比有良好的操守更重要的了，确保善终再没有比没有过错更好的办法了。

王氏批注：君王不行使仁政，臣下应当说真话，竭力规劝。国家如果昏乱，就应该用道德扶正，使百姓安宁。实施法律准则之前，应先树立秩序。秩序树立起来，法律自然就运行了。对上能匡正国君、治理国家，对下能体恤军队、爱惜百姓。内心没有私情，事情的道理清楚明白，如果再能够用心公正，敢作敢为，一定可以建立功业，成就事业。

态度诚恳、内心端正，是修身的根本。要克制自己，恢复礼制，首先要涵养德行。做官执掌法权的时候，忧虑国家不能治理，百姓不得安宁；时刻怀有谨慎小心从事政务的发心，居安思危，受到宠爱时能想到耻辱，这样就可以保证终身都没有祸害临头。

评　析

不随波逐流，不朝三暮四，耿直如松竹，坚定如磐石，方为大丈夫之风范，是成就事业的保障。创业不易，守业更难，唯有勤勉奋发，精益求精，才能善始善终。

世上没有任何事物可以取代坚持。才华不行，那些有才华的人不能成功的实例太常见；天赋不行，“没有回报的天赋”都快成一句俗语了；只有教育也不行，这个世界到处都充满了教育失败的人。但只要坚持，就会无所不能。

一个人，不论做什么事情，立什么志向，只要有“橛橛梗梗，孜孜淑淑”的精神，就一定能够达成所愿。

第四篇

深谋远虑，具莫大之神通

（本德宗道章）

只有颖悟大道、心怀大德的人，才能做到洞察万物，审时度势，拥有卓识远见，能知过去，卜未来，善于抓住机遇，一展宏图，成就卓越人生。欲成就大事，难免要有权变之术、应对之策。然而天下之术，犹如双刃利剑，操控之法，全在一心。本章虽然讲应对人生的具体方略，教人如何逢凶化吉、趋利避害，但却再三告诫人们：术之应用，全在“本德宗道”四个字。

本德宗道章

题 解

注曰：“言本宗不可以离道德。”

王氏曰：“君子以德为本，圣人以道为宗。此章之内，论说务本、修德、守道、明宗道理。”

译 文

张商英注：本章说的是一切根源离不开道德。

王氏批注：君子以德为根本，圣人以道德为源头。这一章里，说明追求根本、修养德行、保护道义、懂得本源的道理。

此章认为：欲成就伟大的事业，就必须以德为根本，以道为宗旨。故以“本德宗道”为章名。

评 析

道之于物，无处不在，无时不有。深切体味天道地道之真谛，才能出神入化地用之于人道——精神境界之提高。圣贤君子用之，可以惠利万民；心术不正者用之，则会伤人害己。全章大意，是将“本德宗道”、志心笃行的妙术分为应当争取和保持的艺术，以及需要预防和戒备的方略两大类，详列了十五个条目。建功立业时应当保持远虑、安全、善优、愉悦、神妙、明辨、吉祥。欲保持应当争取的笃行之术是：丰富谋略、忍受耻辱、修身建德、乐施好善、真诚无妄、躬身体物、知足知止。应当预防的是：苦累、悲伤、病患、短暂、幽暗、孤独、危险、败丧。欲防止上列各点，必要的戒备之处是：贪想多愿、散失精诚、操持无常、不义苟得、贪鄙作伪、矜夸自恃、不明任疑、偏袒多私。

原 典

夫志心笃行之术[①]，长莫长于博谋。

注曰：“谋之欲博。”

王氏曰：“道、德、仁、智存于心，礼、义、廉、耻用于外；人能志心笃行，乃立身成名之本。如伊尹为殷朝大相，受先帝遗诏，辅佐幼主太甲为是。太甲不行仁政，伊尹临朝摄政，将太甲放之桐宫三载，修德行政，改悔旧过；伊尹集众大臣，复立太甲为君，乃行仁道。以此尽忠行政贤明良相，古今少有人；若志诚正心，立国全身之良法。

“君不仁德圣明，难以正国安民。臣无善策良谋，不能立功行政。齐家治国，无谋不成。攻城破敌，有谋必胜。必有机变，临事谋设。若有机变谋略，可以为师长。”

【注释】

①术：技艺，妙道。

译 文

要是意志坚定、专心做事，再好的谋划也不会比集思广益更好。

张商英注：定计谋要广泛地征求意见。

王氏批注：天道、德行、仁爱、智慧隐藏在内心处；礼制、正义、廉洁、知耻表现在行动上。要坚定志向、专心做事，这是安身立命的根本。例如伊尹是殷商的国相，受汤王遗命，辅佐年幼的君主太甲治理国事。太甲不施行仁政，伊尹就临朝摄政。把太甲关在桐宫里三年之久，让他修养德行、走上正道、悔改过错。太甲改过自新之后，伊尹集合众臣，复立太甲为国君，于是太甲开始施行仁道。像这样尽忠处理政事、贤明的大臣，古今少有。如果态度诚恳、心术端正，便是治理国家保全自身的好办法。

君王不仁德圣明，很难使国家大治，百姓安定。臣子没有好的策略办法，不能够建立功业行使政事。治理小到一个家大到一个国，没有谋略是不能成功的。攻城破敌，有谋略必定取胜。如果有突然的情况，就当即应对谋划策略。如果能有随机应变的谋略本领，就可以做领导或老师。

评 析

专心致志、真诚施行的技艺与妙道是：广博的知识、深刻的见解、丰富的谋略。姜尚胸怀“六韬”之谋略，故在群雄各显神通之际，能除暴安良，独占魁首，又能荣得天子称相父之尊高，盖因“博谋”之缘故。方向正确，方法高明，行动才有价值，坚持才有意义！

古往今来，功成名就者毕竟是少数。是什么东西妨碍了多数人成功呢？说到底，就是许多人的思想方法错误，最后导致结果不好。鬼谷子曾说过，天下有三件事很难，第一是谋划难于必定周密，第二是策划建议难于必定被上面采纳，第三是做事难于必定成功。所以，当我们做事没有成功时，首先要检讨自己的思路对不对。思路一变天地宽，多从别人那里听取建议，一语点醒梦中人，这就叫“博谋”。

原 典

安莫安于忍①辱。

注曰：“至道旷夷②，何辱之有。”

王氏曰：“心量不宽，难容于众；小事不忍，必生大患。凡人齐家，其间能忍能耐，和美六亲；治国时分，能忍能耐，上下无怨相。如能忍廉颇之辱，得全贤义之名。吕布不舍侯成之怨，后有丧国亡身之危。心能忍辱，身必能安；若不忍耐，必有辱身之患。”

【注释】

①忍：心字上一刃字，是遏止、克制、降伏之意，又是忍耐、忍心的意思。
②旷夷：旷达坦荡。

译　文

从安全上考虑没有比能忍受屈辱更好的办法了。

张商英注曰：最高的道术是旷达坦荡，哪里有什么羞辱呢？

王氏注曰：心胸狭窄的人，不被众人容纳。小事不能忍，必将遭遇大祸患。治理家庭如果能够忍耐，六亲（父、母、兄、弟、妻子、子女）之间就和谐美好。治理国家如果能够忍耐，君臣之间就没有埋怨猜忌。如果能像蔺相如那样忍受廉颇之辱，就可保全贤能和仁义的美名。吕布放不下对侯成的怨恨，后来才有丢了城池、没了性命的危局。内心能忍受羞辱，生命就能安全。如果不忍耐，一定会有遭受辱没自身的祸患。

评　析

《周书》里说：“好和不争曰安。”心态平和的最高境界是什么呢？那就是忍辱。

在时机不顺、运气不佳、遭受耻辱的情况下，能忍耐耻辱，才能远害安身。如越王勾践能忍受吴国的耻辱，方免夫差之害，转危为安。韩信能忍胯下之辱，才有了日后的登坛拜将。故老子曰：“胜人者有力，自胜者强。”尤其是在时机不顺、运气不佳、遭受耻辱的情况下，不可怒上心头，而应退忍求安。退一步海阔天空。

中国人常讲“士可杀不可辱”。什么都可以忍，连杀头也没有关系，只有侮辱不可以忍，可见“忍辱”之难。

东坡居士是个文学家，在佛学上很有修为，他被贬黄州时曾经作过这样一首诗：“稽首天中天，毫光照大千。八风吹不动，端坐紫金莲。”这首诗实际上是在赞佛，同时又暗含着作者自己有超然的境界：他能跟佛陀一样，已达到了心能转物而不为物转的地步。

苏东坡写完这首诗后，自己也很得意，于是就让书童把这首诗送到江对岸的好朋友佛印禅师那去。佛印看后，回写了一个字——屁。苏东坡看了非常生气，难以释怀，马上过江去找佛印禅师理论。

佛印禅师听说苏东坡到了，就笑呵呵地迎出来说：“好修为呀！八风吹不动，一屁过江来。”一句话说得苏东坡脸红耳赤。

这件事体现了苏东坡对名望的欲念和强大的好胜心。他自认为不为“八风”所困，哪“八风”？即“利、衰、毁、誉、称、讥、苦、乐”，这“八风”包括“四顺”“四逆”八件事，顺利成功是利，失败是衰，背后诽谤是毁，背后称赞是誉，当面赞美是称，当面谩骂攻击是讥，痛苦是苦，快乐是乐。佛家认为，修炼到一定境界的人应该遇到“八风”中的任何“一风”时，情绪都不为之所动，这就是所谓的“八风不动”。

王安石说：“莫大之祸，起于须臾之不忍。”所以民间自古就有“和为贵，忍最高”这句俗语。没有忍耐，哪能有能耐？

百丈禅师曾说：“烦恼以忍辱为菩提。”菩提就是觉醒，就是清净心。唯有能忍，心才能清净，心能清净，方能不为外物所惑。

历史上越王勾践，卧薪尝胆，三千越甲终吞吴；韩信忍受胯下之辱，不逞匹夫之勇而私斗，终成绝世之功，被誉为“兵仙”；司马迁忍受宫刑之辱，写就千古绝唱《史记》……古往今来，哪一位大成就者没有“忍辱负重”“委曲求全”的时候？忍辱并不代表无能，也不是懦弱，而是从心底沉静中流露出来的大智慧。今天的忍辱，是为了明天能够更好地前行。

能不能忍耐一时的屈辱，说明一个人的心胸是否宽广，目标是否宏远。志向远大的人不会斤斤计较个人得失、眼前小利、暂时屈辱。一粒种子要想获得鲜花怒放时人们的赞叹或硕果累累时的喜悦，必先受得了在泥土下被埋没时的苦寂。

原　典

先莫先于修德。

注曰：“外以成物，内以成己，此修德也。”

王氏曰：“齐家治国，必先修养德行。尽忠行孝，遵仁守义，择善从公，此是德行贤人。”

译　文

无论是做人还是做事，第一要务莫过于修养德行。

张商英注：对外用来影响万物，对内用来成就自己，能达到此目的的，非德莫属。

王氏批注：管理家庭，治理国家，必先修养德行。对君王尽忠，对父母行孝，遵守仁义，择善而行，从公发愿，这就是有德行的贤人。

评　析

《大学》中说：“自天子以至于庶人，一是皆以修身为本，其本乱而末治者否矣。”修身之本是修德。即使富有四海，贵为天子，缺德者仍难以常保。勇冠三军的盖世英雄，若无德者仍会遭败亡。治人事天，无德者，则天不应，人不顺。心量大小决定事业的疆域。也就是说，一个人要想成功，首先要有好的修为，然后才能在社会上取得大成就。

原　典

乐莫乐于好善，神莫神①于至诚②。

注曰：“无所不通之谓神。人之神与天地参，而不能神于天地者，以其不至诚也。”

王氏曰：“疏远奸邪，勿为恶事；亲近忠良，择善而行。子胥治国，惟善为宝；东平王治家，为善最乐。心若公正，身不行恶；人能去恶从善，永远无害终身之乐。

“复次，志诚于天地，常行恭敬之心；志诚于君王，当以竭力尽忠。志诚于父母，朝暮谨身行孝；志诚于朋友，必须谦让。如此志诚，自然心合神明。”

【注释】

①神：奇特功能，常人不能达到的玄妙效果。

②诚：心志专一，表里如一，真诚无欺。

译　文

人世间最大的快乐莫过于帮助别人，而人世间最大的智慧莫过于至诚。

张商英注：无所不通叫作神通。天、地、人并称三才，而人却不能像天、地那样神异，是由于人不能做到极其真诚。

王氏批注：远离奸佞邪恶的小人，不做坏事。接近忠诚善良的人，择善而行。伍子胥治理国家，唯把善良当作宝贝。东平王刘仓治理家庭，以做善事为乐事。内心公正，行为就不会邪恶。人能够摒弃邪恶亲近良善，永远都不会损害到生命的快乐。

对天地至诚专一，常怀恭敬之心。对君王常怀至诚之心，竭力尽忠；对父母常怀至诚之心，日夜悉心侍奉，恪守孝道；对朋友常怀至诚之心，必要谦卑礼让。像这样常怀至诚之心，自然心合大道、神明出焉。

评　析

民谚有云："但行好事，莫问前程。"只要行善积德，自然福寿平安，所以根本不必担心前程的凶吉。修百善自能邀百福。一切利人利物的善事如一贯奉行，则老者爱，少者敬。事事无愧于心，则时时心安理得。

诚能通天，心诚的含义不单是诚实无欺而已，更重要的是虚灵不昧。真能做到这一点，必然会有许多神奇不可言喻之处。汉将军李广夜晚行路，发现路旁有一白石屹立，很像一只白虎。紧急关头，他心志专一，聚精会神，把白石当作猛虎射了一箭，箭头入石三寸。事后才知就是一块白石而已，于是他又射了一箭，这次箭头不但未入，而且碰石落地。《庄子》曰："真者，精诚之至也，不精不诚，不能动人。"精诚所至，金石为开。人诚心所到，能感动天地，使金石为之开裂。寓意只要专心诚意去做，什么疑难问题都能解决。

原 典

明莫明于体物。

注曰："《记》云：'清明在躬，志气如神。'如是，则万物之来，其能逃吾之照乎！"

王氏曰："行善、为恶在于心，意识是明，非出乎聪明。贤能之人，先可照鉴自己心上是非、善恶。若能分辨自己所行，善恶明白，然后可以体察、辨明世间成败、兴衰之道理。

"复次，谨身节用，常足有余；所有衣食，量家之有无，随丰俭用。若能守分，不贪不夺，自然身清名洁。"

译 文

明智莫过于能体察世上万物。

张商英注：《礼》上说："清明在躬，志气如神。"像这样，那么万物到来时，怎能逃脱我的观照呢！

王氏批注：行善还是作恶，完全出自于人的内心。它由人的意识控制，跟聪明与否没有关系。贤能的人，应该先明察心上的是与非、善与恶。如果能分辨自己的所作所为，善恶分明，然后就可以体察、辨明世间成功失败、兴旺衰败的道理。

约束自己，节俭用度，够用并且有节余。吃饭穿衣等所有的开销，依照家里的情况，虽有盈余还要节俭使用。如果能安守本分，不贪婪不强取，自然自身清白、声名高洁。

评 析

善于体察人情世故者，必是聪明不惑之人。能深入事物之中，亲身体察事物之理，方能对事物的法则、规矩、总体、枝节，以及前因后果和关系明鉴无遗。神农氏如不亲口尝百草，就不会知晓药之性味能调理阴阳。亲临一线，感同身受，一切自然了然于胸。

原 典

吉莫吉于知足。

注曰："知足之吉，吉之又吉。"

王氏曰："好狂图者，必伤其身；能知足者，不遭祸患。死生由命，富贵在天。若知足，有吉庆之福，无凶忧之祸。"

译 文

最吉祥的莫过于知足。

张商英注：知道满足的吉祥，是吉祥中的吉祥。

王氏批注：疯狂谋取的人，一定伤害到自身；能知足的人，不遭遇祸患。生存还是死亡，命运决定；富贵还是贫贱，上天决定。如果知足，就有吉祥喜庆的福气，没有不吉祥、可忧虑的祸患。

评 析

是否知足取决于自己！知足的反面就是不知足，不知足就会过分要求，过分要求就会招人厌弃。那就不妙了。所以，老子说："是以圣人去甚、去奢、去泰。"甚就是过分，去甚就是不要太过分！

《道德经》言："名与身孰亲？身与货孰多？得与亡孰病？甚爱必大费，多藏必厚亡。故知足不辱，知止不殆，可以长久。"这段话的意思是：名望和生命哪个更亲切？生命与财货哪个更贵重？得到与失去哪个更有害？过分爱惜名声就要付出更大代价，过多贮藏财物必定会遭受更为惨重的损失。所以，懂得满足就不会受到屈辱，懂得适可而止就不会遇到危险，这样才可以长久平安。

孔子的学生颜回，"一箪食，一瓢饮，在陋巷，人也不堪其忧，回也不改其乐"。为何如此之乐呢？因为颜回自感无愧于人，不欺心于己，心安理得，具有高尚的品德和情操。常言道，"知足常乐"。因此，只有在生活及应对事物上，适可而止，方可吉无不利。

"知道""知足""知止"是人生三种境界，"知道"是人对世界的感性认识，“知足”是人对世界的理性把握，“知止”是人对世界的智慧行动。我们要修炼到“知止”的境界，止于至善。

原 典

苦莫苦于多愿。

注曰：“圣人之道，泊然无欲。其于物也，来则应之，去则无系，未尝有愿也。

“古之多愿者，莫如秦皇、汉武。国则愿富，兵则愿疆；功则愿高，名则愿贵；宫室则愿华丽，姬嫔则愿美艳；四夷则愿服，神仙则愿致。

“然而，国愈贫，兵愈弱；功愈卑，名愈钝；卒至于所求不获，而遗恨狼狈者，多愿之所苦也。

“夫治国者，固不可多愿。至于贤人养身之方，所守其可以不约乎！”

王氏曰：“心所贪爱，不得其物；意在所谋，不遂其愿。二件不能称意，自苦于心。”

译 文

最痛苦的事莫过于愿望太多而无法实现。

张商英注：圣人之道，淡泊少欲。他们对于外物，来了就顺应它，离去而无羁绊，不曾拥有愿望。古代愿望太多的人，没有比得上秦始皇、汉武帝的。于国家就希望富裕，于军队就希望强大，于功绩就希望高大，于声名就希望显赫，于宫室就希望华丽，于姬嫔就希望美艳，于四周少数民族就希望顺服，于神仙就希望能够请来。

然而国家却更加贫穷，军队更加弱小，功绩更加卑微，名声更加低钝，最终落得所追求的没有得到反而留下狼狈不堪的遗憾，这都是愿望过多造成的痛苦。

治理国家的人，本来就不应该愿望太多。至于贤德之人修养身体的方法，所拥有的愿望能够不减少吗？

王氏批注：心里有贪婪迷恋的东西却得不到，心思里有所图谋却不能如愿。这两件事不能称心如意，必然自己让自己心里受苦。

评　析

所谓“苦”者，即是心苦。心苦在于不如意，不如意在于多愿。《道德经》云：“祸莫大于不知足，咎莫大于欲得。”没有比不知足更大的隐患了，也没有比贪得无厌更大的疾患了。一个“欲”字，如群魔乱舞于理性和准则的城堡；一个“欲”字，蛊惑着那些迷离于是非边缘的试探，让信念的大殿坍塌于一念之差。

原　典

悲莫悲于精[①]散。

注曰：“道之所生之谓一，纯一之谓精，精之所发之谓神。其潜于无也，则无生无死，无先无后，无阴无阳，无动无静。

“其舍于神也，则为明、为哲、为智、为识。血气之品，无不禀受。正用之，则聚而不散；邪用之，则散而不聚。

“目淫于色，则精散于色矣；耳淫于声，则精散于声矣。口淫于味，则精散于味矣；鼻淫于臭，则精散于臭矣。散之不已，岂能久乎？”

王氏曰：“心者，身之主；精者，人之本。心若昏乱，身不能安；精若耗散，神不能清。心若昏乱，身不能清爽；精神耗散，忧悲灾患自然而生。”

【注释】

①精：泛指构成人体和维持生命活动的基本物质。“夫精者，身之本也”（《素问·金匮真言论》）。这里精指人体正气。

译 文

最悲哀的事情，莫过于精气耗散。

张商英注：道产生作为阴阳一体的原始混沌之气，精纯不杂的原始混沌之气叫作精气，精气散发于外谓之精神。精气潜藏在虚无之中时，就没有生、没有死，没有先、没有后，没有阴、没有阳，没有动、没有静。精气包含在精神中时，就会表现出聪明、圣哲，智慧卓识。含有血气的东西，没有不禀受精气的。正确地运用它就会聚集而不会分散，错误地运用它就会分散而不集聚。

眼被色所诱，那么精气就耗散在色上面了；耳朵迷惑于声，那么精气就耗散在声上面了；嘴被味道所迷，那么精气就耗散在味道上面了；鼻子被气味所迷恋，那么精气就耗散在气味上面了。精气耗散不止，岂能长久？

王氏批注：心是身体的主宰，精是人的根本，心如果迷乱不清，身体就不会安宁；精气如果耗散，神气就不能爽朗。心迷乱不清，身体就不清爽，精神散耗，忧虑、悲伤和灾患自然就产生了。

评　析

最悲哀的事情莫过于精气耗散。在图谋功业上，如失去了精诚纯一的精神，则事不济且遭悲情；在强健保身上，如离散了元阳之气，则百病生而悲痛。

一个人要想做成一件事，必须具有多方面的素质，要勇往直前、意志坚强，要有胆有识、有勇有谋，但所有这些都必须依托于一个前提条件——要有健康的体魄。只有这样，你才会做好，才会做得更好。试想，如果一名军事家整日身体不适、疾病缠身，那又怎么能够运筹帷幄，决胜千里！

《类经》曰："善养生者，必定其精，精盈则气盛，气盛则神全，神全则身健，身健则病少，神气坚强，老而益壮，皆本乎精也。"所以，中医讲"固本培元"，"本"就是"精"，"元"就是指"元气"。可见，精气是人生命的根本！

原 典

病莫病于无常①。

注曰："天地所以能长久者，以其有常也；人而无常，不其病乎？"

王氏曰："万物有成败之理，人生有兴衰之数；若不随时保养，必生患病。人之有生，必当有死。天理循环，世间万物岂能免于无常？"

【注释】

①常：规律、常规。

译 文

人最大的病害莫过于作息无常。

张商英注：天地万物之所以能够长久，是因为它有自己的规律。人如果没有可以遵循的常规，不就产生疾病了吗？

王氏批注：事物有自己成功失败的道理，人生有兴盛衰落的定数。如果不随时保养，必定会生病。人有生，就必然有死。天道法则循环往复，世间的事物怎能够逃离常规？

评　析

世间万事万物之所以永恒，就是因为它们必须遵循自身的发展规律。如果强行打破，就会受到规律的惩罚。治国如失去了法度，朝令夕改，臣职无常规，百姓必难遵从，国纲必乱，弊病必出。人如果无视自然规律，处事接物如无常性，喜怒无定，行无常操，情欲不正，饮食不定，饥饱不一，起居失常，必致百脉不调，自然就会病患侵临。

《黄帝内经》里面讲："上古之人，其知道者，法于阴阳，和于术数，食饮有节，起居有常，不妄作劳，故能形与神俱，而尽终其天年，度百岁乃去！"意思是，上古的人，懂得天地之间运行的道理，是阴阳谐和的，每个人的命运是有定数的，所以行事都不和天地的正常运行道理相违背，他们的起居作息都"法于阴阳，和于术数，食饮有节，起居有常，不妄作劳"。这样就能使肉体与精神协调一致，而尽终其天年。

这里的"食饮有节"和"起居有常"非常重要。"常"指什么？这里指有规律。"有常"的反义词是无常，人死即无常。这里的规律是指昼夜和四季变化的规律。如果人的作息顺应了这个规律，就会有好运气。这个运气是指天地运化过程中的节奏。子午流注是中医圣贤发现的一种规律。中医认为，人体中十二条经脉对应着每日的十二个时辰，由于时辰在变，因而不同的经脉中的气血在不同的时辰也有盛有衰。盛衰开合有时间节奏、时相特性。中医哲学主张天人合一，认为人是大自然的组成部分，人的生活习惯应该符合自然规律。只要符合规律，就会健康不病，颐养天年。违背这个规律，身体就会出毛病，惹出疾患。

原 典

短莫短于苟得。

注曰："以不义得之，必以不义失之；未有苟得而能长也。"

王氏曰："贫贱人之所嫌，富贵人之所好。贤人君子不取非义之财，不为非理之事；强取不义之财，安身养命岂能长久？"

译 文

世界最短暂的莫过于苟且所得。

张商英注：用不正当的方法得到的东西，必定会以不正当的方法失去它，没有谁能以不正当的手段得到一种东西，却还能够长久拥有。

王氏批注：贫苦卑贱的人嫌弃的，正是富裕显贵的人所喜好的。贤人君子不要以不正当手段获得钱财，不做违背道理的事情。强行索取不义的钱财，怎么能长久地保全性命呢？

评 析

苏东坡在《前赤壁赋》中曰："苟非吾之所有，虽一毫而莫取。"意思是说，天地之间的万物各有其主，假若不是属于我所有的，即使一丝一毫也不去强取。

苏轼在文中表现了他随缘自通、顺应自然、不妄求、不强取、纵情山水、寻求寄托的思想，这些思想使他能保持旷达乐观的生活态度。这句话现在可借用来说明做官、为人都应清廉不贪，不是为我所有的东西，再微小也不能苟取。

人无远虑，必有近忧。只注重眼前的利益，就可能失去长远的利益；不明而来者，必不明而去；不义而得者，必不义而失。凡属不符于理、不合于义而得到的，偷、盗、抢、诈、明瞒、暗骗、贪赃、行贿等，均为苟得。犹如逆旅过客，勉强逗留，也不过短暂一时而已。

原 典

幽[1]莫幽于贪鄙[2]。

注曰："以身殉物，过莫甚焉。"

王氏曰："美玉、黄金，人之所重；世间万物，各有其主，倚力、恃势，心生贪爱，利己损人，巧计狂图，是为幽暗。"

【注释】

①幽：昏暗，阴暗。《尔雅》解释为：幽，微也。

②鄙：见识浅薄，行为低下。

译 文

昏庸莫过于贪婪鄙陋。

张商英注：以身殉物，是最大的愚昧。

王氏批注：美玉、黄金，是人们看重的。世间万物，各有其主，倚仗力量，依靠权势，心里产生贪婪的念头，损人利己，巧设阴谋，图谋霸占，这就是幽鄙愚昧。

评 析

酒能养性，故仙家饮之；酒能乱性，故佛家戒之。正因为酒既能养性也能乱性，所以在饮酒时能抑制住一颗贪婪的心，最为难得。

人心不足蛇吞象，人生的悲剧大多起源于一个“贪”字。贪财、贪色、贪酒……贪的结果，轻则神志昏乱，把握不住分寸，失礼坏事；重则伤天害理，成为乱臣贼子。

深夜不足以为暗，秉灯烛可照亮。唯独行贿受贿、贪鄙作伪，内心昏暗，即使在光天化日之下也难照明。凡是没用的都是多余的。“知足不辱，知止不殆。”意思是说，知足于内而不争虚名，就不会有屈辱；知止于外而不贪得无厌，就不会有危患。如此可以使身体健康长寿。知足、知止者，是体道之人。圣人之所以能够被褐怀玉，便是知足于内而知止于外的缘故。

佛家培育三学，所谓“三学”，即三项训练。哪三项？即戒、定、慧。修戒，完善道德品行；修定，致力于内心平静；修慧，培育智慧。不要认为修行就是枯坐蒲团、不食人间烟火。所谓的修行，就是修习戒、定、慧，培育品德、平静和智慧。

原　典

孤莫孤于自恃。

注曰："桀纣自恃其才，智伯自恃其强，项羽自恃其勇，高莽自恃其智，元载、卢杞，自恃其狡。自恃，则气骄于外而善不入耳；不闻善则孤而无助，及其败，天下争从而亡之。"

王氏曰："自逞己能，不为善政，良言傍若无知，所行恣情纵意，倚着些小聪明，终无德行，必是傲慢于人。人说好言，执蔽不肯听从；好言语不听，好事不为，虽有千金、万众，不能信用，则如独行一般，智寡身孤，德残自恃。"

译　文

天下最孤独的莫过于自负自满而孤独无助的人了。

张商英注：夏桀、商纣王对自己的才能很自负，智伯对自己的强大很自负，项羽对自己的勇力很自负，王莽对自己的聪明很自负，元载、卢杞对自己的狡黠很自负。自负的话，骄傲的神气就会流露在外，而且，耳朵听不进去善言规劝，听不进去善言规劝就会孤立无援，等到他失败时，天下人就会争相起来灭亡他。

王氏批注：靠自己的能力逞强，不做好事。对忠言充耳不闻，所作所为，放纵自己恣意妄为。倚仗些小聪明，终究不会修成大的德行。有人说有益的话，闭耳不听，不做好事。就算有很多金钱，很多百姓，不能够信任他们、任用他们，仍然如一个人行走一样。智慧稀缺，形影孤单，德行浅薄，只能依赖自己。

评　析

在人生旅途上，骄傲是一种常见病和多发病，几乎每个人都曾偶感此疾，只不过程度不同而已。得了此病，轻则晕头转向，忘乎所以，重则事业受挫，乃至性命堪忧。曾国藩认为："天下古今之庸人，皆以一惰字致败，天下古今之才人，皆以一傲字致败。"

在《三国演义》中，关羽的骄傲是最典型的。当大臣费诗拿诰命到荆州封关羽时，关羽一听他和老将黄忠同为"五虎将"时，怒曰："黄忠何等人，敢与吾同列？大丈夫终不与老卒为伍！"遂不接印。要不是费诗的嘴巧"吹喇叭"，把他抬到与汉中王平起平坐的地位，关羽还不会罢休。当关羽听说孙权拜陆逊为将代替吕蒙时，他说："孺子陆逊代之，不足为震！"而当孙权想娶他的女儿为儿媳以求和好时，他竟对前来提亲的诸葛瑾勃然大怒："吾虎女安肯嫁犬子乎？"这一句话不但丢掉了"联吴"的大好机会，而且与东吴结下大仇。按说在死到临头之际，关羽应当幡然醒悟，但他却秉性难移，就在败走麦城时，王甫劝他宜走大路，小路恐有埋伏。这个典型的"自大狂"竟说："虽有埋伏，吾何惧哉！"其骄横傲慢之态，可见一斑。

智者千虑必有一失，愚者千虑必有一得。所以欲成大业者必要敞开胸怀，察纳雅言，集思广益。

原 典

危莫危于任疑。

注曰：“汉疑韩信而任之，而信几叛；唐疑李怀光而任之，而怀光遂逆。”

王氏曰：“上疑于下，必无重用之心；下惧于上，事不能行其政；心既疑人，勾当休委。若是委用，心不相托。上下相疑，事业难成，犹有危亡之患。”

译 文

最危险的莫过于任用自己不信任的人。

张商英注：汉高祖刘邦怀疑韩信图谋不轨而任用他，而韩信差点反叛；唐德宗怀疑李怀光拥兵谋反而任用他，而李怀光终于谋反。

王氏批注：君主猜疑臣子，必定没有重用他的心思。臣子害怕君主，做事就不能充分施展能力。心里已经猜疑他人，就不要委任他职务。如果委用了，也不会委心于人。君臣相互猜疑，事业必定难成，国家还有危亡的隐患。

评　析

鬼谷子曰："可知者，可用也；不可知者，谋者所不用也。"意思是说，可以知心交底、能够掌握的人，便可重用他；不可以知心交底的、不能掌握的人，智谋之士是不会重用他的。

若对一个人的德行和才能没有充分的了解，尚在疑虑而任用时，将有不可预想的倾危之患。"任疑"是管理的大忌，一方面被用者因为"任疑"，时时处于自危之中；另一方面，任用者因为"任疑"，事事不得利。所以"任疑"者，百害无一利，损人不利己，祸国而殃民。

原　典

败莫败于多私。

注曰："赏不以功，罚不以罪；喜佞恶直，党亲远疏。小则结匹夫之怨，大则激天下之怒，此多私之所败也。"

王氏曰："不行公正之事，贪爱不义之财；欺公枉法，私求财利。后有累己、败身之祸。"

译　文

最能败坏事情的莫过于私心太重。

张商英注：奖赏不以功劳大小而区分，惩罚不根据罪过大小而实施；喜欢奸佞之人，厌恶正直之人，结交亲近之人，疏远和自己不够亲密之人，小则结个人之怨，大则激天下人之怒，这是偏私行为所导致的败坏。

王氏批注：不做公平、正义的事情，贪恋爱慕不义之财；欺骗公家、曲解律法，私自谋取财利；最后一定有拖累自己、败坏自身的祸患。

评 析

无私欲者，看问题才会更客观，才能够看清事情的本质，顺应规律；不考虑私利者，一切照章办事，才能真正做到公平、公正，赢得人们的尊重拥戴，才容易成事。

私心愈重，德行愈薄。德行失，则众心厌恶。众心厌恶则做事必败。如殷纣王沉于酒色，故朝政腐败而国亡。凡事皆然，多义私于亲，则处事偏袒而不公，不公则众人怨，众人怨则败亡。大成就源自于大智慧，而大智慧源自于大胸怀。

老子从哲学的高度，从“正言若反”的角度，说出了另外一个真理：“夫惟不私，故能成其私。”一国之君，若能以天下民众之私为私，于己则大公无私，于国则民富国强，方为有道之君；如以一己之私为私，那就是道道地地的独夫、民贼。独夫、民贼而不亡败的，未之有也。

第五篇

怀仁行义，奖善罚恶

（遵义章）

国家不守道德不治，个人不守仁义不久。国家长治久安要安民，个人立身、立功先要诚意、正心、遵道、行义。此章专论建功立业须遵循事物的自然之理，明辨事由的起因，判断事物的结局。

遵义章

题 解

注曰："遵而行之者，义也。"

王氏曰："遵者，依奉也。义者，宜也。此章之内，发明施仁、行义，赏善、罚恶，立事、成功道理。"

译 文

张商英注：遵照道德准则去做，就是义。

王氏批注："遵"就是遵照奉行的意思。"义"，就是适宜的意思。这一章里，说明了施行仁政、躬行道义、奖赏善行、惩罚罪恶、建功立业、成就功名的办法。

此章专论建功立业须遵循事物的自然之理，明辨事由的起因，判断事物的结局。

评 析

义利之辩是中国哲学史上长期存在的一大争论问题，它涉及道德和物质利益之间的关系问题。见利忘义还是舍生取义，这个令人两难的选择不但时时在撕裂着人性，也在撕裂着人类。

羊群逐草，商人逐利。商人言利不为过，但不可唯利是图、见利忘义。喜欢财富没有错，但财自道生、利源义取。这不是倡导我们每个人都要成为圣贤之士，而是告诉我们求利要有所为、有所不为，其判断的标准就在于是否符合道义。

财富是一个数字，看似与道义无关，但是求取财富的行为是否符合道义，决定了财富的多少及存续。多行不义必自毙！道义不是为了别人，道义是自己的守护神，多积点德，多行点善，自己的路子才能越走越宽。所以财自道生，取之有道，用之有道，如此才会生生不息。真正的大商，精神与物质并重，并实现二者完美的统一，否则即便财富再多，又何足道哉。

原 典

以明示下者，暗[1]。

注曰："圣贤之道，内明外晦。惟不足于明者，以明示下，乃其所以暗也。"

王氏曰："才学虽高，不能修于德行；逞己聪明，恣意行于奸狡，能责人之小过，不改自己之狂为，岂不暗者哉？"

【注释】

①暗：昏昧、愚蠢的意思。《说文》解释为：暗，日无光也。

译 文

对下属表示自己过于高明的人就是昏昧。

张商英注：圣贤待人处事的方法，是明于内而憨于外。只有不足明智的人，才把自己的高明展示给下级，这就是他昏昧不明智的原因。

王氏批注：一个人才华学识虽然高，如果不能在德行上好好修炼，逞自己的聪明，恣意于奸邪狡诈之行为，苛责他人的小过，而不改自己妄为的作风，难道不是愚昧不明智吗？

评 析

老子曰："自见者不明。"意即显示自己有知见的人，必有不明之处。身为领导人物，要明于内而憨于外，高明只用在关键的时刻。

一个人领导能力的高低不在于能耐的大小，而在于你用了多少能人。本来领导的位势就高，若再表现得聪明绝顶，是很可怕的。"水至清则无鱼，人至察则无徒。"一个人如果表现得太完美了，不仅显得不真实、不可信，还会让人感到不敢亲近，失去亲和力！

领导聪明过人，下属就不能充分展现自己的聪明才智，不敢发表不同的意见，工作起来就不会有存在感。如孔明多智近妖，明察细微，一切尽在掌控中，以致所有属下无人敢提异议，最终变成了孤家寡人，无法激发集体智慧！结果是，孔明死后，后继乏人！

你作为管理者，面对属下犯错，如果他意识到错了，并且也在努力纠错，这时候你不妨看透不说透，让其独立解决。这样属下才能自立自强，不断成长。难得糊涂，大智若愚，有时候是大智慧！

原　典

有过不知者，蔽[①]。

注曰："圣人无过可知；贤人之过，造形而悟；有过不知，其愚蔽甚矣！"

王氏曰："不行仁义，及为邪恶之非；身有大过，不能自知而不改。如隋炀帝不仁无道，杀坏忠良，苦害万民为是，执迷心意不省，天下荒乱，身丧国亡之患。"

【注释】

①蔽：掩蔽，蔽塞。

译　文

有了过错而不自知的人，是最愚蠢蔽塞的人。

张商英注：圣人没有过失，不需要反思；贤人犯的过失，一露形迹就能觉悟；有了过失却不知道，这种愚昧蔽塞太严重了。

王氏批注：不做仁义之事，却做邪恶的坏事。自己犯有大错误，自己不知道所以也不改正。隋炀帝杨广不行仁道，杀害忠良，苦害天下的百姓就是证明，他还执迷自用而不知反省，结果，天下兵荒马乱，造成身死国灭之患。

评　析

有了过错不知道，就会不改悔。不改悔则继续下去，愈行愈错，愈错愈甚。

“人非圣贤，孰能无过”，就连大圣人孔子自己，也常常为自己的过失而苦恼。他曾说：“加我数年，五十以学《易》，可以无大过矣。”意思是说，如果再给我几年时间，到五十岁时开始学习《易经》，就可以无大过了。在孔子看来，他赞赏的品德就是知错能改、闻过则喜。孔门七十二弟子中，他推崇的弟子是颜渊，因为颜渊有“不迁怒，不贰过”的品性。

改过首先要知过。勇于承认错误，是改过自新的开始。最聪明的人是看到别人的过失，引以为鉴，主动克服自身的类似不足；比较聪明的人是自己犯了错误能自觉反省改正；至于有了错误仍执迷不悟、一错到底的人，就只能收获失败了。

原　典

迷而不返者，惑。

注曰："迷于酒者，不知其伐吾性也。迷于色者，不知其伐吾命也。迷于利者，不知其伐吾志也。人本无迷，惑者自迷之矣！"

王氏曰："日月虽明，云雾遮而不见；君子虽贤，物欲迷而所暗。君子之道，知而必改；小人之非；迷无所知。若不点检自己所行之善恶，鉴察平日所行之是非，必然昏乱、迷惑。"

译　文

沉迷某种嗜好而不知道改正的人，必然迷惑、糊涂。

张商英注：沉迷于美酒者，却不知道美酒消蚀的是我们的性情；沉迷于女色者，却不知道女色消耗的是我们的生命；沉迷于财利者，却不知道财利消弱的是我们的心志。人本来没有迷惑他的东西，困惑的人只是迷失了自己而已。

王氏批注：太阳、月亮虽然明亮，被云雾遮住就看不见了；圣人君子虽然贤良，被物质欲望迷惑就变得愚昧糊涂了。君子奉行的道理，是知道错了就必定改正。小人的过错在于，沉迷而不自知。如果不检点自己的所作所为是善、是恶，鉴察自己平时行为是对、是错，就一定昏乱、迷惑。

评 析

何为修养？就是对自己的成长之树上的枝杈不断修剪、约束，如此才会长成参天大树。凡是恣意纵情的人，管不住自己，最终都会一事无成。

欲望是人的天性，也是激人奋进的动力！但若不加节制，势必会沉迷其中，沉迷之后是沉沦，沉沦而不能自拔，必受其累。

孔子说："知者不惑。"怎么样才能不惑呢？梁启超认为："最要紧的是养成我们的判断力。想要养成判断力，首先至少要有一定的常识；其次对于自己要做的事要有专门的知识；最后还要有遇事能断的智慧。

有智慧的人，内心澄澈宁静，不受诱惑，不迷乱，有极高的自我操守；既不随波逐流，也不任性纵情；不会降低自己的格调，也不会玷污自己的品性。所以，这样的人遇事看得透彻，当行则行，当止则止，自然不会出错。

原 典

以言取怨者，祸。

注曰："行而言之，则机在我，而祸在人；言而不行，则机在人，而祸在我。"

王氏曰："守法奉公，理合自宜；职居官位，名正言顺。合谏不谏，合说不说，难以成功。若事不干己，别人善恶休议论；不合说，若强说，招惹怨怪，必伤其身。"

译 文

因为语言招致怨恨，是在给自己取祸。

张商英注：行动以后再说，那么事情的主动权在我手中，而祸在别人身上；说过了而不行动，那么事情的主动权就在别人手中，而灾祸在我身上了。

王氏批注：遵守法律，一心为公，言行合理处事自然合宜。官居其位，有职有权，自然名正而言顺。应该劝谏却不劝谏，应该说话却不说话，是很难成就功业的。如果事情与自己无关，别人的善恶好坏就不要议论评价。不该说，如果强说，就会招惹埋怨怪罪，必定伤及自身。

评 析

鬼谷子曰："口乃心之门户。"嘴巴一开一闭间，就决定了一个人的吉凶祸福。苏秦张仪凭三寸之舌纵横天下，建功立业，享尽荣华富贵，而才思敏捷的杨修因不合说而强说惹来杀身之祸。一投足知身价，一张口定乾坤。不可不慎。

人的许多麻烦和灾祸是由于言语上太随便、不慎重而导致的。管不住自己嘴的人，不仅容易伤人，而且容易闯祸。当然，慎言不是不说话，慎言是该说话的时候就说，不该说话的时候就永远不要说。

孔子曰："可与言而不与之言，失人；不可与言而与之言，失言。知者不失人，亦不失言。"意思是说，你本可以或应该对某人进言，你如果不主动对他说，他就会认为你不信任他，和他不贴心，所以他就疏远你了，这对你就是"失人"；你不该对某人进言，你竟对他说了，结果惹下祸端，这就是“失言”。这两种情况都说明，说话如果不选对人，把握不住时机，既缺少知人之明，又不能把握自己，换言之，就是你不够“聪明”。

原 典

令与心乖[1]者，废。

注曰：“心以出令，令以心行。”

王氏曰：“掌兵领众，治国安民，施设威权，出一时之号令。口出之言，心不随行，人不委信，难成大事，后必废亡。”

【注释】

①乖：从“北”，取其分背的意思。古时本义指背离、违背、不和谐，如“乖气致戾，和气致祥”。《广雅》：乖，背也。

译 文

命令同自己的心意相违背，那么做事就会半途而废。

张商英注：自己的心思意图发出来让人执行就是命令，命令别人行动来实现自己的心意。

王氏批注：掌管部队和领导众人，治理国家，安定民心，行使权威，随时发出一道号令，嘴里说的，心里并没有跟随着自己的行为。自己不能

够被众人所相信，一定难以做成大事，最后一定是事业荒废败亡。

评 析

下达命令或制定规章制度，都源于现实情况的需要，是为了解决问题而采取的行动，所以不仅要保证这些命令和规章制度的时效性和针对性，还要在下达命令、建章立制之前做好调查研究，了解实际情况，广泛争取大家的意见，使其合民心，顺民意。这样才能发动大家，感召大家。大家行动起来也就有热情，有动力。否则，就会有令不行，有禁不止。

《中庸》曰："文武之政，布在方策，其人存则其政举，其人亡则其政息。"意思是说，文王、武王心地仁慈，施以仁政，而万民尊服。文王和武王死了，后辈仍讲仁政，万民则不从，盖因发令人的心与政令不一之故。

有令不行，一般出于三种原因：其一，这种领导在单位里没有权威，所以，他的命令、制度也没有人会认真执行。其二，是命令本身不符合实际，甚至是错误的，属下知道执行领导命令没效果或不会有好的结果。其三，是命令不代表大家的利益，没有执行的基础。大家不会为领导的目标努力奋斗，除非他的目标与大家都有关系。大家也不会追随某一个人，除非他代表的是大家的利益。

孟子曰："民为重，社稷次之，君为轻。"这绝不是政治口号，而是官民博弈后的经验之谈。不论组织大小，建章立制、发号施令必须要了解民心、顺应民意，否则就是自取覆亡。

影响力是由内到外流出来的，表里如一，内外一致最有说服力。

原 典

后令谬前者，毁。

注曰："号令不一，心无信而事毁弃矣！"

王氏曰："号令行于威权，赏罚明于功罪，号令既定，众皆信惧，赏罚从公，无不悦服。所行号令，前后不一，自相违毁，人不听信，功业难成。"

译 文

后发的命令推翻了之前的命令，这样自相矛盾，做事必败。

张商英注：号令前后不一，心中没有把握和信心，事业就会毁坏。

王氏批注：命令出于权威，根据功劳罪过而奖罚，命令一经下达，大家都会坚信畏惧。奖罚出于公心，没有人不心悦诚服。所发布的命令前后不一，自相矛盾，人们不相信，不听从，功业就难以成就。

评 析

作为领导，最忌讳的就是反复无常，朝令夕改，弄得属下茫然不知所从。任何制度在颁布之前，一定要深思熟虑考虑周全；一旦公布后，尽量保持原则不变。当领导的人，最忌讳的事就是朝令夕改，变来变去，这反映了领导者决策水平的幼稚。

朝令夕改的领导，在思想上都是不成熟的表现，要么做事武断，要么极度不自信。但不论是哪一种情况，政令不一或者朝令夕改都会影响团队成员的信心和效率。从决策的角度问员工最怕老板做什么？我估计员工会说最怕老板“朝令夕改”，因为朝令夕改会让员工无所适从。

问起一些领导朝令夕改的原因，他们认为自己接收的信息变化非常快，从而导致自己的决策也随之改变。但我们不得不承认，很多决策的改变并不是因为信息本身改变了，而是因为我们作决策前没有全局眼光，考虑不周全，没有充分了解本来应该掌握的全面信息。

朝令夕改会让我们付出双重成本：一是大家之前做的工作都没有用了，二是员工对老板的决策不再信任了。所以，为了让政策得以落实，解决问题，领导下达命令前一定要经过调查研究，认真权衡是非得失，同时还要考虑是否有利于操作、考核及可持续性，经过论证确认无误后才公布于众。一旦公布后，就成为大家都遵守的准绳，必须维护并坚决执行。切勿朝令夕改，自相矛盾，反复无常，让领导的威信受到挑战和耻笑。

原　典

怒而无威[1]者，犯。

注曰：“文王不大声以色，四国畏之。故孔子曰：不怒而威于斧钺。”

王氏曰：“心若公正，其怒无私，事不轻为，其为难犯。为官之人，掌管法度、纲纪，不合喜休喜，不合怒休怒，喜怒不常，心无主宰；威权不立，人无惧怕之心，虽怒无威，终须违犯。”

【注释】

①威：使人敬服或惧怕的力量。《说文》解释为：威，畏也。

译 文

盛怒而没有慑服人的力量，人家就敢于冒犯他。

张商英注：周文王治国表面上不动声色，而四周国家都敬畏他。孔子说，“无须发怒，但其威严足以使百姓惧怕，就像惧怕斧钺等刑具的惩罚一样”。

王氏批注：内心公正的人，发怒也不会出于私心。做事情不轻率的人，他的行为就不会受到触犯。做官的人，掌管法律、制度，不该欢喜就别欢喜，不该动怒就别动怒，喜怒无常，内心就不能够掌控。权威树立不起来，人民心里就不会有敬畏之心。虽然发怒却不能够慑服人，终究会被冒犯。

评 析

每一位领导者，都希望自己能拥有足够的权威，在单位里一呼百应，备受敬仰。但如何才能具备权威？却是个大学问。威严是一种内在的力量和崇高人格的外在表现，是不怒而威。有奖惩能力会产生威，有权利地位会产生威，受人尊敬让人敬畏会产生威。有的领导经常发怒，却没有人怕他，反而弄得一点威信都没有，这样一来，以下犯上的事就会越来越多。

领导权威的最高境界有三，即“不言而信，不施而仁，不怒而威”。意思是说，还没说话，大家就信从了；还没施仁政，大家却都感觉到了恩泽；还没发怒，大家都感觉到了其威严神圣不可冒犯。领导强大的势能，让人仰视、敬畏。这种势能的形成包括以下几个方面：他的身份、地位处人之上；他的成功经历让人信服；他过人的智识让人折服；他手里握有权杖，有奖罚的权利，可决定民众的命运；他拥有强大的人格魅力，对民众有强大的影响力、感召力。这种领导是真正的“内圣外王”。能做到的可谓圣王君子。

领导权威次高的境界也有三，即“施而仁，言而信，怒而威。”意思是说，他给了大家好处，大家才感受到他的仁爱；他言之凿凿，大家才相信他；他动了怒，大家才感觉到他作为领导的威力。当今社会，这个境界的领导占绝大多数。当然，能做到这个层次也不容易，因为他们要以身作则，说到做到。

领导权威最下的境界也有三，即“施而不仁，言而不信，怒而不威。”意思是说，即使他给了大家好处，大家都不领他的情；即使他舌灿莲花，也不能取信于民；即使他怒发冲冠，大家却一点都不怕。

可见，领导权威的根本在于领导者内心的修炼和素养。所谓的素养，指的是明道、明志、笃行、厚德。拥有这种素养，自然不怒而威。

对当今的领导者，我有三句告诫：其身正，不怒而威；其识高，言出必行；你爱民如子，民自会敬你如亲！

原 典

好众辱人者，殃。

注曰："己欲沽直名而置人于有过之地，取殃之道也！"

王氏曰："言虽忠直伤人主，怨事不干己，多管有怪；不干自己勾当，他人闲事休管。逞着聪明，口能舌辩，论人善恶，说人过失，揭人短处，对众羞辱；心生怪怨，人若怪怨，恐伤人之祸殃。"

译 文

爱当众侮辱他人的人，必会遭殃。

张商英注：自己想要博取正直的好名声，而将别人置于拥有过错的境地，这是自取灾殃的途径。

王氏批注：话虽然诚恳却冒犯了君主，不满意的事情如果于自己无关，就不要管，管得多了就会被责怪。与自己不相关的事情或别人的闲事也不要去管。如果倚仗自己聪明、能言善辩，评论别人的善恶、过错，揭露别人的短处，当众羞辱他人，就会导致别人心里产生责怪和怨恨，恐怕就会有伤害自身的祸殃。

评 析

为人处世，首要的一条是尊重别人，即使是对犯了错误的属下，批评也要就事论事，不要侮辱别人的人格，更不能不给别人面子。要顾忌别人的面子，不要伤别人的面子，否则会被记恨一辈子，自取殃祸。宋代释普济《五灯会元》中有这样两句话："利刀割肉疮犹合，恶语伤人恨不销。"这是生活经验的总结，鞭打皮痛，话打骨痛。企业家要牢记这点。

一次我去某地讲课，在当地几个企业负责人请我的饭局上，一位老板抱怨活得太累，人才难得。更让人吃惊的是，他竟然当众骂起他同在现场的副总。他的这个举动首先证明他自己就不是格局够大之人，而且不高明；其次，被骂者羞愧难当必然怀恨在心，日后工作中必有阻碍。

我们看用人高手宋江是怎么处理问题的：李逵误解宋江要强娶民女做压寨夫人，就找宋江理论，宋江辩解不过就带着李逵及其他人一起去找当事民女对质。结果，宋江证明了自己的清白。宋江当时并没有当着众人的面儿斥责李逵，而是对手下说："看住这厮，回山寨再说！"自知鲁莽草率的李逵负荆请罪，主动向宋江认错！

所以，领导者对下属要当众表扬，暗处批评。

原 典

戮辱所任者，危。

注曰："人之云亡，危亦随之。"

王氏曰："人有大过，加以重刑；后若任用，必生危亡。有罪之人，责罚之后，若再委用，心生疑惧。如韩信有十件大功，汉王封为齐王，信怀忧惧，身不自安；心有异志，高祖生疑，不免未央之患；高祖先谋，危于信矣。"

译 文

杀戮侮辱负有重任的人，必有危亡之患。

张商英注：当有人议论他的事业快灭亡时，危险就会随之而来。

王氏批注：属下犯有大错，施加了严酷的刑罚，过后如果再任用，必然有灭亡的危险。有罪过的人，惩处以后如果再委以重任，他心里就会产生猜疑和恐惧。比如韩信因为立有十件大功，勉强汉王刘邦封他为齐王。事后，韩信心里怀有深深的忧虑、恐惧，身心不能自安，心里产生了叛离之志，使高祖刘邦心生猜疑，免不了未央宫的悲惨灾患。高祖谋划在先，使韩信感受到了凶险。

评 析

杀戮和欺辱负有重任的功臣和所任用的贤才，必有危亡之患。纣王逼自己王后抱火斗，梅伯抱炮烙，比干剖心，这样必然使奸臣快意，忠臣寒心，人心由此背叛，大臣由此离心，终致命丧国亡。

上下级的关系很微妙，明智的人善于揣摩揆度，设若彼此不知照顾对方情绪，有了心理隔阂，信任不再，彼此猜忌，危险就要发生了。如果属下犯错，领导不顾及面子当众羞辱或施以重罚，而后还委以重任，那么，领导就要注意他是否消除了怨恨，他对你的委任是否感恩？如果不是，领导就危险了。他手握重权就可能报复你、祸害你！

张飞这个人物可以说是家喻户晓，妇孺皆知。他性格豪爽，义气干云，作战英勇，深受人们喜欢。罗贯中引诗赞曰：“长坂桥头杀气生，横枪立马眼圆睁。一声好似轰雷震，独退曹家百万兵。”就是这样一位“万人敌”的猛将，如果战死沙场，倒也是一个悲壮而完美的结局。可是，他却死在自己手下两个挟私报怨的叛徒手中，这不能不令人扼腕长叹。

种瓜得瓜，种豆得豆。张飞之死并非偶然。《三国志·蜀书·张飞传》记载，张飞“爱敬君子而不恤小人”，对待部属粗鲁、残暴，动辄呵斥、打骂，然而又刻薄寡恩，不能让人感到他严中有爱，也不能对他产生畏中有敬的情感。他种下的只有埋怨、愤怒、仇恨，日积月累，逐渐萌芽、生长、蔓延，终究有一天会爆发。他军营的平静中已经孕育了不平静，他骄横、压服的背后是无数看不见的凶险。对此，刘备早已有所觉察，曾经多次告诫张飞道：“卿刑杀既过，又日鞭挞健儿，而令在左右，此取祸之道也。”可是张飞根本听不进去。终于，导火索点燃了，在一次醉酒后，他无故鞭打士兵，帐下将领张达、范疆利用群情激愤，将他刺杀。

张飞之死不能不令我们今天的领导者引以为戒。

原 典

慢其所敬者，凶。

注曰：“以长幼而言，则齿也；以朝廷而言，则爵也；以贤愚而言，则德也。三者皆可敬，而外敬则齿也、爵也，内敬则德也。”

王氏曰：“心生喜庆，常行敬重之礼；意若憎嫌，必有疏慢之情。常恭敬事上，怠慢之后，必有疑怪之心。聪明之人，见怠慢模样，疑怪动静，便可回避，免遭凶险之祸。”

译 文

怠慢应该敬重的人，必会有凶险。

张商英注：就长幼顺序来说，要尊敬年长的人；就朝廷规矩来说，要尊敬爵位高的人；就贤愚来说，要尊敬贤德的人。这三种人都应该尊敬。而在外就要尊敬年长的人、爵位更高的人，在内就要尊敬有德的人。

王氏批注：心生欢喜，对人常行敬重的礼仪；感情上如果憎恶嫌弃，必然会露出疏远轻慢的表情。时常恭敬地侍奉君上，如果对上怠慢之后，君上一定会有猜疑责备之心。聪明的人，见到其怠慢的表情，如果疑心其马上要有怪罪责罚的动静，便要设法回避，以免遭遇凶险之祸。

评 析

孔子曰："君子有三畏，畏天命，畏小人，畏圣人之言。"天命就是天道，天道不可违，故须敬之；小人是民众基础，水可载舟覆舟，也须礼敬；圣人就是古代先贤圣哲，他们的思想至今还在指导我们为人处世，更需敬之。敬畏让我们谦恭，让我们的心胸博大。

由尊敬中可以体现出一个人的涵养，以及对他人的佩服与忠贞。领导提供平台，老师传道授业解惑，父母有养育栽培之恩，长辈有扶助爱悌之心，贤良有慈良抚恤之善，豪杰有救急拔困之义，使人尊敬理所当然，应该如此。贤良者为做人之楷模，更应以敬。如骄横粗野，倨傲强行，亵渎尊长，轻慢所敬，是背理之举，失义之为，不合天理，不顺人情，在上者必加罪于身，在前者必厌弃于己，众人鄙夷之，终会凶灾加于自身。

敬畏自然，敬畏规则，敬畏师长，尊敬礼遇身边的一切人、事、物。

这是我们做人做事应有的态度。

与天合、与地和，与人和、与己和。和者，天下之大道也！

原　典

貌合心离者，孤。

王氏曰："赏罚不分功罪，用人不择贤愚；相会其间，虽有恭敬模样，终无内敬之心，私意于人，必起离怨；身孤力寡，不相扶助，事难成就。"

译　文

表面上关系很密切而实际上心怀异志的人，一定会陷入孤立。

王氏批注：不根据功劳罪过而奖赏和惩罚，任用臣下也不分辨贤能还是愚笨。君臣相会的时候，虽然举止上有谦恭有礼的模样，却终究没有发自内心的恭敬。对人有私心，臣下就会产生怨恨和背离之心。一个人的力量是单薄的，没有其他人的扶持帮助，是难以做成大事情的。

评　析

表面上关系密切而实际上离心离德，这样的领导其势必孤，其力必散，其事必败。《易经》曰："君子之道，或出或处，或默或语，二人同心，其利断金。同心之言，其臭如兰。”两个人相知相交了，同心协力，他们的力量足以把坚硬的金属弄断；同心同德的人发表一致的意见，说服力强，人们就像嗅到芬芳的兰花香味，容易接受。所求的事情对方当然就会答应。

领导者最大的悲哀，就是他的团队貌合神离，同床异梦，大家各有各的小算盘。这样的领导什么事也做不成。任何不朽的工程，都是众人合作的成果，能够团结多少人，就能做多大的事情。千人同心，就有千人的力量；万人异心，还不如一个人有用。

原　典

亲谗远忠者，亡。

注曰：“谗者，善揣摩人主之意而中之；而忠者，推逆人主之过而谏之。谗者合意多悦，而忠者逆意者多怨；此子胥杀而吴亡；屈原放而楚灭是也。”

王氏曰：“亲近奸邪，其国昏乱；远离忠良，不能成事。如楚平王，听信费无忌谗言，纳子妻无祥公主为后，不听上大夫伍奢苦谏，纵意狂为。亲近奸邪，疏远忠良，必有丧国、亡家之患。”

译　文

亲近谗佞小人，疏远忠良，必有危亡之患。

张商英注：进谗言的人善于揣摩上级的意图而去迎合他的心意，而进忠言的人直言君主的过失而且劝谏他的过错。谗言合于君主的心意，大多都是令其高兴的，而忠者违背了君主的意愿，使君主怨怒。这就是伍子胥被杀而吴国灭亡，屈原被放逐而楚国灭亡的原因。

王氏批注：亲近奸佞邪恶的小人，国家就昏暗混乱；远离忠臣良将，就不能成就事业。例如楚平王，听信了费无忌的谗言，把原本许配给太子的秦国无祥公主占为己有，立为王后，又不听上大夫伍奢的苦心规劝，恣意妄为。亲近奸邪小人，疏远忠良，最后，必有丧国败家的祸患。

评　析

小人善于揣摩人心，巧言令色、曲意逢迎。而多数人尤其是领导者，都有点好大喜功的毛病，于是谗言者专攻这些弱点，为其歌功颂德，抓痒痒抓得不轻不重、恰到好处、舒舒服服。一个喜欢听，一个喜欢说，供需平衡，自然市场广大。

领导都知道“亲谗远忠”的后果，但是因为阿谀话听起来舒服，忠言逆耳。所以意志不坚、境界不到的人，自然就如商纣宠信费仲、尤浑等佞谗之臣，残害商容、比干等忠臣，以至于把天下赔得干干净净。

原　典

近色远贤者，昏。

王氏曰：“重色轻贤，必有伤危之患；好奢纵欲，难免败亡之乱。如纣王宠妲己，不重忠良，苦虐万民。贤臣比干、箕子、微子，数次苦谏不肯；听信怪恨谏说，比干剖腹、剜心，箕子入官为奴，微子佯狂于市。损害忠良，疏远贤相，为事昏迷不改，致使国亡。”

译　文

亲近女色、疏远贤良，必定是一个糊涂的领导。

王氏批注：喜好女色，轻视贤良大臣，就一定有灭亡的隐患。喜好奢侈放纵欲望，就难免失败流亡之乱。比如商纣王宠信妲己，不重视忠良臣子，残酷压迫百姓。贤臣比干、箕子、微子几次规劝都不肯听，反倒偏听偏信而责怪怨恨他们的谏言，把比干剖腹、剜心，把箕子囚进宫廷为奴，逼得微子在街市上假装发疯。摧残折磨忠良，疏远贤明的辅相，做事情昏庸糊涂不知悔改，最终使国家灭亡。

评　析

“食色性也。”好色也是人的天性之一，没有什么大惊小怪的。关键在于把握好尺度，君子好色而不乱，好色而不迷。

商纣王宠爱妲己、周幽王烽火戏诸侯就不用说了。南朝陈后主宠信美女张丽华与孔贵人，直至亡国，在南京留下胭脂井的风流遗迹。司马炎后宫两万多美女，每日乘羊车游园，住在车停处的美女那里，害得美女们在门口放些青草引诱那拉车的羊。本该建功立业的人物，最后都毁于“近色”“远贤”之扰。

原　典

女谒[①]公行者，乱。

注曰：“如太平公主，韦庶人之祸是也。”

王氏曰：“后妃之亲，不可加于权势；内外相连，不行公正。如汉平帝，权势归于王莽，国事不委大臣。王莽乃平帝之皇丈，倚势挟权，谋害忠良，杀君篡位，侵夺天下。此为女谒公行者，招祸乱之患。”

【注释】

①谒：从“言”，本义：禀告，陈述。《尔雅》解释为：谒，告也。这里指干预、干涉之意。

译　文

女子干涉大政，一定会有动乱。

张商英注：比如太平公主、韦庶人发动的祸乱，就是这样的事情。

王氏批注：后宫妃子的亲属，不可以授予他们权力、势力。如果皇亲国戚有很高的权势，一旦朝廷内外相互勾结，就不会行公平正义之事。比如汉平帝时期，权势全掌握在外戚王莽手里，国家政事不委托给大臣。王莽是汉平帝的岳父，他倚仗势力掌握权力，谋害忠良，杀死皇帝篡夺帝位，夺取了天下。这就是女子干涉国家朝政的例子，引来了变乱的祸患。

评　析

“谒”的本意是禀告、陈述，就是发表自己的意见。唐代有种诗体叫“干谒诗”。干谒诗是古代文人为推销自己而写的一种诗歌，类似于现代的自荐信。一些文人为了求得进身的机会，往往十分含蓄地写一些干谒诗，向达官贵人呈献诗文，展示自己的才华与抱负，以求引荐。

女子议论朝政大事，被称为“女谒”，如果意见被采用了，就叫“女谒公行”，枕边风起，心头必乱，小则影响情绪，大则影响决策。

今天看来女子干政，屡见不鲜，有些“干”得还不错，比如，英国前首相撒切尔夫人、德国总理默克尔、美国前国务卿希拉里等。当然，黄石公毕竟是秦末汉初之人，出于当时的社会礼法，对女人的歧视是难免的。这里要说的是，家里人为一己私利而干预决策的，领导人要有定力，不能耳根子软。

原　典

私人以官者，浮。

注曰：“浅浮者，不足以胜名器，如牛仙客为宰相之类是也。”

王氏曰："心里爱喜的人，多赏则物不可任；于官位委用之时，误国废事，虚浮不重，事业难成。"

译　文

私下将官职授于人，此人必定是浮浅无知的人。

张商英注：浮浅之人，不足以担负重大职务，像牛仙客担任宰相之类就是如此。

王氏批注：心里喜爱某人，多多赏赐财物还嫌不够。等到授予他官职之时，则会误了国家，废了政事，浮而不实，难成大事。

评　析

一没有真才实学，二非贤良大器，公议不得，不走正常程序，任人唯亲，以亲密关系私设职位的领导，根基不稳；以私人关系推荐提拔而得官者，犹如无根之草，只能浮现一时。

身为领导，肩负着组织甚或国家重任，必须严肃对待自己手中掌握的权力，这样才能得天下人才，共同完成大业。一个组织里，如果出现任人唯亲的现象，那就是它走向下坡的开始，整个事业的根基就出了问题。

原 典

凌下取胜者，侵。

王氏曰："恃己之勇，妄取强胜之名；轻欺于人，必受凶危之害。心量多乏不宽，事业难成；功利自取，人心不伏。霸王不用贤能，倚自强能之势，赢了汉王七十二阵，后中韩信埋伏之计，败于九里山前，丧于乌江岸上。此是强势相争，凌下取胜，返受侵夺之患。"

译 文

欺凌下属而获得胜利的，自己也一定会受到下属的侵犯。

王氏批注：依仗自己的勇敢，妄取强者美名；轻慢欺辱他人，必然遭受凶险的危害。心量不够宽宏，事业难以成功。功名利益自己获得，人心不会屈服。项羽不任用贤臣能人，依靠自己的精明能干，取得了与刘邦交战的七十二次胜利，却在最后中了韩信的埋伏，败于九里山前，死于乌江岸上。这就是过分地争取美名，依靠欺压属下而取胜，却反过来遭遇被侵夺的祸患。

评 析

孔子曰："君使臣以礼，臣事君以忠。"当领导的礼遇属下，做下属的尽之以忠，才能上下同心。相反，在上处者如以势压人，以权欺人，必将导致团队内离心离德，彼此伤害。

老子曰：“江海所以能为百谷王者，以其善下之。”意思是说，汪洋江海之所以能成为百川众谷之王，是因为它善处卑下。因此，统治天下的圣人想要居于人民之上，必得以谦卑的言语来取得人民的信赖；想要人民站出来，那么圣人必得把自己退到后面去。因此，圣人处在上面而人民不觉得有沉重的压力，站在前头领导而人民不觉得有妨害。这样一来，天下人都乐意推戴他，而不会厌弃他。这是因为圣人不与人相争，因而天下人没有人能与他相争。

高明的领导懂得“谦下”的好处。这不仅是领导素质的表现，更是一种领导策略。如果领导整天气势凌人，颐指气使，摆出领导架子唬人，属下即使口服心也不会服，时间长了，他们会认为这个领导是黔之驴，看似庞然大物，实则草包一个，最终被属下侵犯。孟子曰：“君之视臣如手足，则臣视君如腹心；君之视臣如犬马，则臣视君如国人；君之视臣如土芥，则臣视君如寇仇。”意思是说，君主看待臣下如同自己的手足，臣下看待君主就会如同自己的腹心；君主看待臣下如同犬马，臣下看待君主就会如同路人；君主看待臣下如同泥土草芥，臣下看待君主就会如同仇人。

原 典

名①不胜实②者，耗③。

注曰：“陆贽曰‘名近于虚，于教为重；利近于实，于义为轻。’然则，实者所以致名，名者所以符实。名实相资，则不耗匮矣。”

王氏曰：“心实奸狡，假仁义而取虚名；内务贪饕，外恭勤而惑于众。朦胧上下，钓誉沽名；虽有名、禄，不能久远；名不胜实，后必败亡。”

【注释】

①名：声誉、声名。

②实：实际，指人和事物的真实情况。

③耗：消耗、零落。

译 文

拥有的名声超过自己的实际才能，名望最终会耗损。

张商英注：唐朝宰相陆贽说：“名声与实际不符，教化是最重要的；利益与实际相符，道义是次要的。”既然这样，那么实际就是获得名声的办法，名声就是符合实际的称呼。名声与实际相符合，那么名望就不会消耗降低了。

王氏批注：心术狡猾奸诈，假借仁义而给自己赢得虚名；对内处理事务时候，贪婪索取，对外摆出一副恭敬勤劳的样子以迷惑众人。欺瞒君主，蒙蔽下属，沽名钓誉。虽然现在有美名、有俸禄，一定不能久远。名声超过实际才能，过后一定失败灭亡。

评　析

我们发现一个现象：自然界中的动植物，大凡成长很快的都短命；大凡迅速成名的人，几乎都是流星。为什么呢？名与实不符，名望是由名和望组成，是指人在其他的人心中的分量及声望威信，名的背后是望，望的背后是民众基础。而要获得民众的支持，靠的是实力。若无夯实的根基，声名就是空中楼阁，沙上建塔。许多人事后证明都是徒有虚名，弱小的身躯根本撑不起那么大的声名。

历史上名气和实际的才能不相符合的人很多，有的名气很大，但才能不够；有的没有名气，但很有本事。后者一般往往能取得大的成就，而那些名不副实的人，即使得到了显赫的头衔和很大的名声，也是不祥之兆，最后必然导致灭亡。

原　典

略①己而责人者，不治。

王氏曰："功归自己，罪责他人；上无公正之明，下无信惧之意。赞己不能为能，秘毁人之善为不善。功归自己，众不能治；罪责于人，事业难成。"

【注释】

①略：从"田"从"各"。举其要而用其精、用功少者皆曰略。这里指忽

略、放宽之意。

译 文

宽于律己却对别人求全责备的人，不可能治理好一个国家。

王氏批注：功劳归于自己，过失让他人承担。居高位的人没有公平正直的明智，居下位的人就没有信服惧怕他的心意。夸耀自己算不上能耐，私下诋毁他人的善举是大不善。功劳独自占有，就不能治理众人，推脱责任，就做不成大事。

评 析

对己宽容，对人严厉，对自己的缺点过失千方百计找理由辩解，而对别人的失误却不加体谅，一味责备求全，这样的领导人违背了一条重要的原则——宽则得众。遇到这样的领导还是走为上策，因为做他的下属稍有不慎就会成为“替罪羊”。

严于律己，宽以待人，无论何时，都应该成为领导者的座右铭。

原 典

自厚而薄人者，弃废。

注曰：“圣人常善救人而无弃人，常善救物而无弃物。自厚者，自满也。非仲尼所谓：‘躬自厚之厚也’。自厚而薄人，则人才将弃废矣。”

王氏曰：“功名自取，财利己用；疏慢贤能，不任忠良，事岂能行？如吕布受困于下邳，谋将陈宫谏曰‘外有大兵内无粮草；黄河泛涨，倘若城陷，如之奈何？’吕布言曰：‘吾马力负千斤过水如过平地，与妻貂蝉同骑渡河有何忧哉？’侧有手将侯成听言之后，盗吕布马投于关公，军士皆散。吕布被曹操所擒，斩于白门。此是只顾自己，不顾众人，不能成功，后有丧国，败身之患。”

译 文

对自己宽厚，对别人刻薄的，一定被众人遗弃。

张商英注：圣人常常善于救助别人而不抛弃别人，常常善于救助万物而不抛弃万物。自厚，就是自我满足。并不是孔子所说的“从厚责备自己”的“厚”。自我满足而且薄待别人，那么别人才将你抛弃了。

王氏批注：功名自己占有，财利自己享用；疏远怠慢贤能臣子，不信任忠良，事业怎么能够成功呢？比如吕布被困下邳之时，谋将陈宫劝诫他说：“外面有大军围困，城内又无粮草，如今黄河水又在猛涨。倘若城破，该怎么办呢？”吕布说：“我有赤兔马，驮上千斤过河如履平地，我和妻子貂蝉一起骑马渡河而去，大河有什么担忧的？”吕布身旁一个供差的小将侯成听到了这句话，就偷走了赤兔马投奔了关羽，其他军士也一哄而散。吕布被曹操所擒获，白门斩首。这就是说，只顾及自己，不顾及众人，必定不能够成功，最后还有丧国亡身的危险。

评 析

领导人享受在前，吃苦在后，自己的薪水、待遇越高越好，官职越大越高兴，而对部下的切身利益却百般限制。这种领导终将被人唾弃。

原 典

以过弃功者，损。

王氏曰：“曾立功业，委之重权；勿以责于小过，恐有惟失；抚之以政，切莫弃于大功，以小弃大。否则，验功恕过，则可求其小过而弃大功，人心不服，必损其身。”

译 文

因为小过失便忽略别人功劳的人，其事业一定会受损。

王氏批注：对于曾经建立丰功伟业、委以重任的人，不要苛责他的小过失，唯恐有不当或失误。授予人职位，不要忽略人家大的功劳，以小失大。否则，如果用大功来抵消小过错，就会因为人小的过失而忽略其大的功劳。人心就会不服，必然会损害自身。

评 析

唐太宗说：“国家大事，唯赏与罚。赏当其劳，无功者自退。罚当其罪，为恶者咸惧。则知赏罚不可轻行也。”赏罚之所以重要，就在于它在很大程度上决定了民心的向背和统治的成败；也正因赏罚是如此关键，所以使用起来也就更须异常谨慎。用得好，可以激励工作热情；用不好，就是祸乱的根源。

魏徵曾说，因官职与地位不相称而受罚，罪过不在臣子自身。否则，要想让他们抛弃私心杂念而各尽其力为国服务，不是很难吗？不可把大事交给小臣，大臣也不能因小罪而受罚。委任大臣以高位之后，却又去追查他的小过，那就会使那些拿着笔杆子并善于窥测风向的文官们深文周纳，玩弄法律，歪曲事实来为大臣定罪。

魏徵的话，再明确不过地告诉我们，在施行赏罚的时候，一定要看主流，看大节，而不能吹毛求疵，求全责备。

原　典

群下外异者，沦。

注曰：“措置失宜，群情隔息；阿谀并进，私徇并行。人人异心，求不沦亡，不可得也。”

王氏曰：“君以名禄进其人，臣以忠正报其主。有才不加其官，能守诚者，不赐其禄；恩德爱于外权，怨结于内；群下心离，必然败乱。”

译 文

如果赏罚不明，下属群众就会怀有二心，组织就会沦亡。

张商英注：各种奖惩措施安排不当，属下的意见阻塞不通；领导只能听到阿谀奉承的话，阿谀奉承的人得以重用，徇私舞弊公然进行。结果就会人人怀有二心，想要国家不沦亡，是不可能做到的。

王氏批注：君王把名爵俸禄赏赐给理当受赏的人，臣子就会用忠诚正义回报君主。有才能的人不能封官晋爵，忠诚的人得不到赏赐；君主把恩惠慈爱施与本国以外的人，结怨于本国之内的人；最终群众百姓就会有叛离的心志，国家必然混乱败亡。

评 析

如果一个组织，上下离心，内外异志，不能上传下达，沟通不流畅，采取的政令法规必然不能得到贯彻执行。

君待臣以礼，臣事君以忠。君臣相得，勠力同心，才能共创伟业。《淮南子》说：“众人相助，虽弱必强；众人相去，虽大必亡。”如果领导昏庸，不能知人善任，做事不公，赏罚不明，就会使下属离心离德，敢怒而不敢言，无处申诉，牢骚满腹，人心涣散，离众叛亲离、分崩离析也就不远了！

原　典

既用不任者，疏。

注曰："用贤不任，则失士心。此管仲所谓：害霸也。"

王氏曰："用人辅国行政，必与赏罚威权；有职无权，不能立功、行政。用而不任，难以掌法、施行；事不能行，言不能进，自然上下相疏。"

译　文

已经使用贤能之人却不委以重任，必定会使贤能之人疏远自己。

张商英注：使用贤良却不委以重任，就会失去士人之心，这就是管仲所说的有害于霸业的做法。

王氏批注：任用人才辅佐国事、施行政治管理，就必须给他可以奖赏和惩罚的威势和权力。有职位却无权力，就不能建立功勋、执行政事。任用了却又不委以重任，不能够执掌法度施行政令，事情不能够有效地推行，进言又不能够被采纳，君臣的距离自然就疏远了。

评　析

"疑人不用，用人不疑"是用人的一个原则。但是，有些领导是这样的：对有真才实学的人，顾虑重重，不用有些可惜，用了又不敢或不愿放手。于是，就采取了折中的方案——既用不任。就是任而不放权，还设置许多的规矩来控制。时间久了，被任命的人因种种限制而无法施展才华，最后心灰意冷，抱恨离开。

为什么会这样？就是因为当领导的对有才干的人有两种心理：既爱又怕。因为爱，所以要把人才延揽到身边；因为怕驾驭不了，所以不敢放权。刘表对投奔他的刘备，就是这种心理。

刘表有爱贤之名，不过他不能真正赏识人才。荆州一带卧虎藏龙，诸葛亮、庞统等都是当时杰出的人物，如果刘表是个有雄才大略的人物，积极招募，自然会重用诸葛亮等人。适逢乱世，豺狼环视，有雄才大略的刘备来投，无疑是件好事，但刘表对刘备却有猜疑之心。刘备手下的关羽、张飞都是世之虎将，有万夫不当之勇，赵云也是一员大将，这些人每日操练兵马，却引起刘表的惶恐不安。刘表害怕后院起火，所以不敢放权给刘备，于是重用外戚蔡瑁，最终被曹操所灭。

原 典

行赏吝色者，沮[1]。

注曰：“色有靳吝，有功者沮，项羽之刓印是也。”

王氏曰：“嘉言美色，抚感其劳；高名重爵，劝赏其功。赏人其间，口无知感之言，面有怪恨之怒。然加以厚爵，终无喜乐之心，必起怨离之志。”

【注释】

①沮：灰心失望。

译 文

论功行赏时如果显露吝啬之色，那么功臣部下就会沮丧灰心了。

张商英注：脸上露出吝惜的神色，立有功劳的人就会灰心失望，项羽摩挲侯印不肯授人就是这样的事。

王氏批注：用美言和美好的仪容来抚慰、感谢他的劳苦，用高名望和重爵位来赏赐他的功劳。如果封赏人的时候，嘴上不说知恩感谢的话，面容上有吝啬怪怨的表情，就算给了高官厚禄，部下也不会有欢喜之心，必然有怨恨离去的心志。

评 析

如果领导在用人办事前，慷慨许诺，事后论功行赏，吝啬小气，不愿兑现，那么手下的功臣必然感到沮丧。项羽失败的原因就在这里，他的将领屡建战功，可是他把刻好的印拿在手里转来转去，磨得棱角都没了，也舍不得给人。后来人才都伤心得跑到刘邦那里去了，自己落了个自刎乌江的下场。

而刘邦虽然出身卑微，但是非常有江湖义气，他身边人才济济，原因就是他非常慷慨，谁有困难只要提出来，他肯定又借钱又帮忙。刘邦说：

“我要的是天下，凡是和这个目标无关的一切我都可以舍弃。”每攻陷一座城池后，刘邦都会把所有的珠宝赏赐给官兵，给有功之臣封官更是毫不吝啬。

唐高祖李渊封官也是毫不吝惜。有谋士就劝他不要这样。李渊说：“反正这些都不是我的，我造反一旦失败什么都没有了，还不如趁着有的时候分给大家。”对于刘邦和李渊来说，他们知道造反能活命的只有一个办法，就是夺得天下，而和这个目标相比，金钱、官职、女色都可以不要。

梁山好汉宋江文武都一般，但是，他为什么能够受到那么多梁山好汉的拥戴呢？宋江有一个与生俱来的优点就是仗义。在地方上当小吏的时候，对于江湖上需要帮助的人，他都会不图回报地把钱给这些朋友，所以江湖上人们送给他一个外号叫作“及时雨”。

原 典

多许少与者，怨。

注曰：“失其本望。”

王氏曰：“心不诚实，人无敬信之意；言语虚诈，必招怪恨之怨。欢喜其间，多许人之财物，后悔悭吝；却行少与，返招怪恨；再后言语，人不听信。”

译 文

承诺多，兑现少，必然招致埋怨。

张商英注：失去他们本初的愿望。

王氏批注：内心不诚实，人们就不会有敬重信服的心意。言语虚伪狡诈，必然招致怪恨埋怨。兴头上的时候，许愿说要重赏部下财物，过后后悔吝啬，行赏时给予的少于许诺时的，反倒招来部下的怪罪怨恨。以后再说话，人们就不会听信了。

评 析

对于一个有影响力的人来说，诚信最大的特点是言行一致。言行一致是一种态度，是一种思想和行为的境界。言行一致的人心怀坦荡，表里如一，值得信任。

“事莫虚应，应则必办，不办便结怨；愿莫轻许，许愿必还，不还便成债。”一个做领导的，如果许诺的多，给予的少，这是在拿自己的威信开玩笑。“将无还令，赏罚必信，如天如地，乃可御人。”在人们的心里，别人承诺给自己东西虽然还没有拿到，但是心里已经认定就是自己的了，如果承诺者没有兑现，或者兑现的与承诺的不相符，人们就会感觉自己受到了损失。

原 典

既迎而拒者，乖。

注曰：“刘璋迎刘备而反拒之是也。”

译 文

已经迎接人家前来却又从内心里拒绝人家，必使人心背离。

张商英注：刘璋迎接刘备入蜀却反而拒之于门外就是这样的事。

评 析

施恩怕先益后损，管理怕先宽后严，待人怕先热后凉。自己请来的客人，却不好好招待人家，让人心凉，后必怨之；千方百计把人才挖了过来，又因疑心重重，不敢重用，后必远之。这样的领导最终必定会恩断义绝，众叛亲离。

东汉末，刘璋任益州刺史。刘璋为人懦弱多疑，汉中张鲁骄纵，不听刘璋号令，于是刘璋杀张鲁母弟，双方成为仇敌，刘璋派庞羲攻击张鲁，战败。后益州内乱，平定后，又有曹操将前来袭击的消息。

在内外交困之下，刘璋听信手下张松、法正之言，迎接刘备入益州，想借刘备之力抵御外患。刘备从江陵率军赶到涪城，刘璋率领步、骑兵三万多人，车驾幔帐，光耀夺目，前往与刘备相会。刘备所率将士依次前迎，大家欢聚宴饮百余日。刘璋许以大批物资供助刘备，让他去讨伐张鲁。但因后来刘璋对刘备起了疑心，许多承诺就没有兑现。最后，二刘反目成仇，刘备一怒之下，围困成都，刘璋投降。

要想建立伟业，非有贤才、大才襄助不可。成大事者非但要智商高，善于审时度势，杀伐决断，更要有超高的情商来招揽人心，汇聚人才。人心微妙，第六感超强，你内心如何待人，不必求证，凭感觉就足够了。倘若你一开始对人家热情似火，突然冷若冰霜，无论何故，必会造成彼此的心理隔阂，破镜无法重圆，心伤无法抚平。

虽然人与人之间相处要讲缘分，不必强求，也不必违心地去讨好别人，但做人一定要有气量，能包容别人的个性或缺点，就像接纳他的优点一样。这样才能与人和谐相处，长远合作，成就大事。

原典

薄施厚望者，不报。

注曰："天地不仁，以万物为刍狗；圣人不仁，以百姓为刍狗。覆之、载之，含之、育之，岂责其报也。"

王氏曰："恩未结于人心，财利不散于众。虽有所赐，微少、轻薄，不能厚恩、深惠，人无报效之心。"

译文

薄施于人却希望人家厚报的人，必然会收获人家的不报之果。

张商英注：老子说："天地无所谓仁慈，对待万物像对用草扎成的狗一样；圣人也无所谓仁慈，对待百姓也像对待用草扎成的狗一样。"覆盖万物、承载万物，容纳万物、哺育万物，哪里要求万物回报呢？

王氏批注：恩惠还没有抵达人们的内心，财物货利还没有布散给民众。虽然偶有赏赐，但给予太少、轻薄，不能让对方感到厚恩深情，人们就没有报效之心。

评 析

对人有点恩惠，念念不忘，时时挂在嘴上，老想着让人感恩戴德，受他恩惠的人可能也会烦他，甚至还会怀疑他的发心。须知：助人为乐，是境界；施恩不图报，是慈悲；施恩图报，是投资；薄施厚望，是贪图，甚至是可恶了。

为人做一点贡献，不要老想着让人报答，接受了别人的恩惠却要时时记在心上，这样才会少烦恼，少恩怨。许多人怨恨人情淡薄，好心不得好报，甚至做了好事反而成了冤家，原因就在于做了点好事，就天天盼望着人家报答，否则就怨恨不已，恶言恶语。他们不明白，施而不报是常情，薄施厚望则有失天理。

为什么有的人付出很多，却不为人称道，反而让人厌恶？为什么有的人默默付出，却会令人感动万分，为人称颂？那是因为真正的付出是只问耕耘、不问收获的付出。其实人心都是肉长的，只要你真心对别人，即使不希望回报，别人也会对你真心相报。

原 典

贵而忘贱者，不久。

注曰："道足于己者，贵贱不足以为荣辱；贵亦固有，贱亦固有。惟小人骤而处贵则忘其贱，此所以不久也。"

王氏曰："身居富贵之地，恣逞骄傲狂心；忘其贫贱之时，专享目前之贵。心生骄奢，忘于艰难，岂能长久？"

译 文

富贵之后就忘却贫贱之时的人，一定不会久长。

张商英注：自身道德具足的人，无论是尊贵还是贫贱都不足以使他感到荣耀或耻辱。尊贵时拥有道义，贫贱时也拥有道义。只有小人骤然处于尊贵的地位，就忘记了他贫贱之时的情境，这就是他不能长久保持尊贵地位的原因。

王氏批注：居于富有显贵的位置，肆意表现自己骄傲狂妄的心志；忘掉了自己贫寒卑贱的时候，一心享受眼下的富贵。内心产生骄横奢侈，忘掉艰苦困难，怎么可能长久富贵下去呢?!

评 析

人生际遇，或富贵或贫贱，或窘迫或通达，如白云苍狗，瞬间突变。所谓三十年河东，三十年河西。没有一富永富的，也没有一穷永穷的；也不能说穷的人就是笨蛋，也不能说富贵的人一定就比贫贱的人聪明。人之成败荣辱，多是个人奋斗与机缘巧合共同作用的结果。命，是失败者的借口；运，是成功者的谦辞。一个成功者应该是谦虚的，抱怨命运不过是小人在为自己开脱罢了。

为什么穷不过三代？穷，则思变，当人穷到过不下去的时候，必定会被激发出求生的本能，会发奋改变自己的命运，终究会养育出勤劳节俭的子弟，勤勤恳恳耕读劳作，终究会发达。所谓“穷人家的孩子早当家”。

为什么富贵不过三代？因为人们一旦得志，就得意忘形，目空一切，自以为是，认为没有自己做不到的事，没有了创业时的谨慎，少了进取时的勤奋，转而说话不检点，做事欠考虑，不知时得罪了人，不觉间惹下了祸端，鲁莽中做错了决定。这样的人，即使偶然获得富贵，也决不能久长！富不过三代，既有主观因素，也有客观因素。劣根性的确是一个重要因素，有了钱就好吃懒做，就没了进取心。

真正的高手一定是贵而不忘贱，得意而不忘形，知道今天来之不易，倍感珍惜，谦虚谨慎，知足不辱，知止不殆；失意而不现形，砥砺自己，查缺补漏，以期东山再起。

原 典

念旧恶而弃新功者，凶。

注曰："切齿于睚眦之怨，眷眷于一饭之恩者，匹夫之量。有志于天下者，虽仇必用，以其才也；虽怨必录，以其功也。汉高祖侯雍齿，录功也；唐太宗相魏郑公，用才也。"

王氏曰："赏功行政，虽仇必用；罚罪施刑，虽亲不赦。如齐桓公用管仲，弃旧仇，而重其才；唐太宗相魏徵，舍前恨，而用其能；旧有小过，新立大功。因恨，不录者凶。"

译 文

念及别人旧恶，忘记其所立新功的人，会有凶险。

张商英注：对小小的怨恨而咬牙切齿，对一顿饭的恩惠念念不忘的人，只是普通人的气量。有志于成就天下大事的人，虽然是仇人也一定会任用，因为他拥有才能；虽然是冤家也一定会录用，因为他立有功劳。汉高祖刘邦封雍齿为侯，是按照他的功劳进行录用；唐太宗任命郑国公魏徵为相，是按照他的才能进行使用。

王氏批注：奖赏功劳行使政事，虽有仇恨必定任用；惩罚罪恶施加刑罚，虽是亲人也不赦免。比如齐桓公任用管仲，就是放下了过往的仇恨，而是看重他的才具。唐太宗任用魏徵为宰相，舍弃先前的怨恨，而是使用他的才能。臣下以前有小的过错，最近立过大功，却因小恨不录用，会有凶险。

评 析

创业初期，领导者可以靠自己的能力开创出自己的一片天地，但事业能做多大决定于他的胸怀和气量。孟尝君御人四法则：“倾财足以聚人，量宽足以得人，律己足以服人，身先足以率人。”意思是说，舍得倾散出自己的钱财，就可以把人聚集到身边来；肚量大，能宽容忍让，就可以获得人心，得到人们的拥护；严格地要求自己，就可以使他人佩服而听从自己的指挥；做事能率先垂范，那么你就可以统率众人。

所以，欲成天下大事者，要胸怀全局，目光长远，度量大似海，意志坚如钢。绝不会为小是小非而介怀，更不会因小而失大，也不会因小事而与人结怨。即使与人有过节，也会相逢一笑泯恩仇，绝不会把个人恩怨带到工作中来。

曹操南征，部队到达淯水，张绣率众投降。曹操娶了张济的遗孀，张绣因此怀恨曹操。曹操听说张绣不高兴，就秘密准备杀掉张绣。结果计划泄漏，张绣偷袭曹操，曹操战败，长子曹昂、侄子曹安民被杀，猛将典韦战死。张绣引兵追击，被曹操击退，于是张绣退回防守穰城，再次与刘表联盟。张绣听从贾诩的建议，再次向曹操投降。张绣到达后，曹操牵着张绣的手，一起参加宴会，为自己的儿子曹均娶了张绣的女儿，并封张绣为扬武将军。曹操深知张绣有大才能，因此没有计较张绣之前的所作所为，而且，通过封赏张绣，曹操还可以树立不计前嫌、唯才是用的形象，将更多人才招纳来。一举多得，符合曹利益。

做领导的人，如果斤斤计较蝇头小利，耿耿于怀于小事小非，念念不忘于过往的小恩怨，此乃匹夫之量。念恩方为真君子，记仇不是大丈夫。凡历史上成就大业者，都有这样的气量和风度。

原 典

用人不正者，殆①。

王氏曰："官选贤能之士，竭力治国安民；重委奸邪，不能奉公行政。中正者，无官其邦；昏乱、谗佞者当权，其国危亡。"

【注释】

①殆：从歹，危险。《说文》解释为：殆，危也。

译　文

使用人才不公正，那就危险了。

王氏批注：官员选用贤能人士，竭尽心力治理国家安定人民。如果委以奸佞邪恶之人以重任，就不能奉公行政。正直的人，不会授官给自己身边的人。昏庸、谗佞的小人把持政权，国家就有灭亡的危险了。

评　析

领导最重要的两件事：定方向，用干部。当方向确定以后，干部是决定因素。用干部首先要知人善任。知人不光要了解他的能力，了解他的人品更重要。如果人品不好，能力越强，危害也就越大。

德大于才是君子，才大于德是小人。正人不做暗事，奸邪之徒也难于走正道。如果任用奸邪，必然祸国乱民，那你的事业就会有危险了。

巧言令色，献媚人主，窃弄国柄，荼毒生民，如秦之赵高，汉之十常侍，唐之李林甫，宋之蔡京、秦桧，明之刘瑾、魏忠贤之辈，用之必伤基业！

原　典

强用人者，不畜[1]。

注曰："曹操强用关羽，而终归刘备，此不畜也。"

王氏曰："贤能不遇其时，岂就虚名？虽领其职位，不谋其政。如曹操爱关公之能，官封寿亭侯，赏以重禄；终心不服，后归先主。”

【注释】

①畜：牧养，容纳之意。

译 文

勉强用人，一定留不住人。

张商英注：曹操勉强留用关羽，而关羽最终还是回到了刘备身边，这就是强留的结果。

王氏批注：贤能之人，如果生不逢时，怎么会屈就一个虚名呢？虽然接受了职位，也会不谋其政。比如曹操爱惜关羽的能力，封他为寿亭侯，赏赐他重重的俸禄，最终也没有征服其心，他后来还是回到先主刘备的身边。

评 析

欲成大功，要用大才；要用大才，要先得人才；欲得人才者要先得人心；欲得人心，必须要了解人心。了解人心主要有两项：他想要什么？他厌恶什么？其实就是志向和价值观的问题。方向不一致，最终一定会分道扬镳；价值观不一致，就会同床异梦，要么“身在曹营心在汉”，要么“徐庶进曹营，一言不发”。是的，关羽、徐庶都是大才，但不能竭忠尽智，得之用之，其本身的价值也会大打折扣。

古人云：“志不同，则道不合。”一群人，一辈子，一件事！能把大家凝聚在一起的，除了名誉、平台、待遇、身份之外，必须还要有共同的文化、共同的奋斗目标。所以，志向、价值观上只要一个有分歧，就绝不会长久，万不可强求。否则，结果只能留下遗憾。

原 典

为人择官者，乱。

王氏曰：“能清廉立纪纲者，不在官之大小，处事必行公道。如光武之任董宣为洛县令，湖阳公主家奴，杀人不顾性命，苦谏君主，好名至今传说。若是不问贤愚，专择官大小，何以治乱、民安！”

译 文

以亲疏关系来用人或安排官职，一定会造成管理混乱。

王氏批注：能够清正廉明树立秩序法度的人，不管职位的大小，做事必然施行公平道义。比如东汉光武帝任命董宣为洛阳县令，光武帝的姐姐湖阳公主的家奴杀了人，董宣不顾生命危险，苦劝君王公平审理此案。他的美名至今流传。如果不考虑贤良愚昧，只挑选官员职位的高低，怎么可以使混乱得以治理，使人民安居乐业呢？

评 析

领导最重要的能力之一就是知人善任，任用干部最忌讳任人唯亲、因人设职，本来并不需要这个岗位，可是为了关照某人，专为他设立一个岗位，新立一个部门，如此一来，必将引来人心不服，或者人浮于事，导致管理混乱。

在一个组织里，一旦有了亲友，领导在用人任职、处理利害冲突时，难免会顾及情面而患得患失。即便你不失公允，别人也会猜疑，这样一来，必然会损坏你的威信。而且亲友对你的态度、期望也不一样，势必会给你造成麻烦。所以送给大家几句话：少说话会更威严，不揽权会更有权，无亲属会更密切，勤交心会更同心。

原 典

失其所强者，弱。

注曰："有以德强者，有以人强者，有以势强者，有以兵强者。尧舜有德而强，桀纣无德而弱；汤武得人而强，幽厉失人而弱。周得诸侯之势而强，失诸侯之势而弱；唐得府兵而强，失府兵而弱。其于人也，善为强，恶为弱；其于身也，性为强，情为弱。"

王氏曰："轻欺贤人，必无重用之心；傲慢忠良，人岂尽其才智？汉王得张良陈平者强，霸王失良平者弱。”

译　文

失去所依靠的强大力量，必会趋于衰弱破败。

张商英注：有依靠仁德强大的，有依靠人心强大的，有依靠势力强大的，有依靠兵力强大的。唐尧、虞舜拥有仁德而强大，夏桀、商纣没有仁德而衰弱；商汤、周武王拥有人心而强大，周幽王、周厉王失掉人心而弱小；周初拥有控制诸侯的势力而强大，周末失掉控制诸侯的势力而弱小；唐初期拥有府兵而强大，唐后期失掉府兵而弱小。对于人来说，行善是积强，作恶是积弱；对于自身来说，好的品格属于强大，感情用事属于弱小。

王氏批注：轻慢欺侮贤能的人，必然没有重用他的心思。对忠诚贤良的人态度傲慢，贤人怎么会施展全部的才能智慧呢？汉王刘邦得到张良、陈平这样的人才因而强大，项羽失去张良、陈平这样的人才因此衰弱。

评　析

凡能成就一番伟业的领导人，必有所长，必有所依，必有所强。有的领导因道德伟大而强势，如周文王；有的领导因得人才而强势，如刘邦；有的领导因地理位置优越而强势，如秦国。一旦失去了他的优势，就会由强变弱。所以兵无常势、水无常形，强与弱之间的态势也不是一成不变的，会因人而异，因时而异，因势而异。

世间万事都不是一成不变的，做任何事都要发现、发挥自己的优势，以实击虚，用其强，守其弱，并要不断地充实、加强、保持自己的优势！

原 典

决策于不仁者，险。

注曰："不仁之人，幸灾乐祸。"

王氏曰："不仁之人，智无远见；高明若与共谋，必有危亡之险。如唐明皇不用张九龄为相，命杨国忠、李林甫当国。有贤良好人，不肯举荐，恐搀了他权位；用奸谗歹人为心腹耳目，内外成党，闭塞上下，以致禄山作乱，明皇失国，奔于西蜀，国忠死于马嵬坡下。此是决策不仁者，必有凶险之祸。"

译 文

用没有仁慈之心的人来运筹决策，就会有危险。

张商英注：残忍无情的人，常常幸灾乐祸。

王氏批注：没有大爱的人，智谋上没有远见卓识。高明的人如果与其共事，必然会有危险。比如唐明皇不任用张九龄为宰相，却任命杨国忠、李林甫主持国事。贤能善良的人，都不被举荐，怕被分了他的权位，任用奸诈谗佞的小人为心腹耳目，朝廷内外结成党派，截断了君王和臣僚的沟通。以至于安禄山反叛作乱，唐玄宗失掉国家，逃奔到西蜀，杨国忠死在马嵬坡下。这就是依靠残忍无情的人运筹决策，导致国破身死的凶险。

评　析

领导的重要职责是决策，但决策必须要发心为善，怀仁爱之心，这样的决策才能恩泽大众，造福于民。如果决策者没有仁德之心，决策的动机不良，要么以权谋私，要么损失组织利益，那么就会产生危乱。

原　典

阴计[①]外泄者，败。

王氏曰："机若不密，其祸先发；谋事不成，后生凶患。机密之事，不可教一切人知；恐走透消息，反受灾殃，必有败亡之患。"

【注释】

①阴计：此处指密谋、机密之事。

译　文

秘密的计划如果对外泄露了，就可能导致失败。

王氏批注：机要的事情如果不秘密进行，灾祸就会先来到；谋划事情不成功，后必生出凶险灾患。机密的事情，不能够让一切人都知道；一旦走漏消息，反受祸殃，一定会有失败的祸患。

评　析

鬼谷子说，“故圣人之道阴，愚人之道阳。”“天地之化，在高与深；圣人之制道，在隐与匿。”圣人的谋略隐蔽，不露声色；愚人的谋略公开，大肆张扬。天地变化运转，表现在高深；圣人制定谋略，表现在隐秘。

“阴计”一旦泄露，我在明处，对方在暗处，我即为靶子，只有挨打，对方即可知己知彼，此时明暗已易形，强弱已易势，所以没有不失败的。

原　典

厚敛薄施者，凋①。

注曰：“凋，削也。《文中子》曰：‘多敛之国，其财必削。’”

王氏曰：“秋租、夏税，自有定例；废用浩大，常是不足。多敛民财，重征赋税，必损于民。民为国之根本，本若坚固，其国安宁；百姓失其种养，必有凋残之祸。”

【注释】

①凋，草木衰落。这里指凋敝。《说文》解释为：凋，半伤也。

译 文

横征暴敛，却刻薄寡恩不施仁政，必定会导致国力凋败。

张商英注：凋，削弱的意思。《文中子》上说："厚敛的国家，它的财物必定会被削减。"

王氏批注：秋天的田租、夏天的税收，自有定例，国家财政的花费浩大，常常不够用。多多地收取民财，重重地征收百姓的赋税，这一定会损害百姓的利益。百姓是国家的根本，根本如果坚固，国家就安宁。百姓失去了种植的种子和养殖的幼崽，必有国力削弱之祸。

评 析

贪得无厌、横征暴敛、不顾人民疾苦的当权者，自古都是一个下场，那就是被别人抛弃。厚敛则民穷，民穷则国凋，姜太公《六韬》说："穷天下者，天下仇之；安天下者，天下恃之；危天下者，天下灾之。天下者非一人之天下，唯有道者处之。"意思是说，造成天下人贫困的，天下人就憎恶他；使天下人安居乐业的，天下人就把他当作依靠；给天下人带来危难的，天下人就把他看成灾星。天下不是一个人的天下，只有道德高尚的人，才能占有这个治理天下的君主位置。诚如大海可扬帆，水浅必搁浅。

从秦始皇筑长城、建阿房，隋炀帝横征暴敛修运河，到西太后挪用军饷建颐和园，都是"厚敛薄施"。于是，从陈胜吴广到洪秀全，总是一呼而百应。

原 典

战士贫，游士[1]富者，衰。

注曰：“游士鼓其颊舌，惟幸烟尘之会；战士奋其死力，专捍强场之虞。富彼贫此，兵势衰矣！”

王氏曰：“游说之士，以喉舌而进其身，官高禄重，必富于家；征战之人，舍性命而立其功，名微俸薄，禄难赡其亲。若不存恤战士，重赏三军，军势必衰，后无死战勇敢之士。”

【注释】

①游士：即游说谋划之人士。

译 文

征战沙场的将士贫穷，鼓舌摇唇的游士富贵，国势就会衰落。

张商英注：游说之士摇唇鼓舌，只是庆幸赶上扬起烽烟和尘土的战乱时代，作战之士拼出自己的效死之力，专事增强国防而消除领土之忧患。如果使那些游说的人富有却使这些征战之士贫穷，军队力量就会衰弱了。

王氏批注：游说之士，依靠能言善辩而被录用，官位高俸禄重；出征打仗的人，丢弃性命才能建立功劳，声誉低，俸禄薄，俸禄难以赡养亲人。如果不能爱惜战士，重重地犒赏军人，军势必然衰落，以后再也没有勇敢的拼死战斗的战士了。

评 析

如给出生入死、劳苦疆场、为国效力的将士待遇不高，相反，对游说之士而尽与富厚，是理不当、情不通。

用现在的话说，一线职工拿不到钱，二线人员却发了财。无论是社会还是单位，一旦出现这种情况，都是走向衰败的开始。

原 典

货赂公行者，昧①。

注曰："私昧公，曲昧直也。"

王氏曰："恩惠无施，仗威权侵吞民利；善政不行，倚势力私事公为。欺诈百姓，变是为非；强取民财，返恶为善。若用贪饕掌国事，必然昏昧法度，废乱纪纲。"

【注释】

①昧：从"日"，从"未"，天未大明。昧然：昏暗不明的样子。《广雅》解释为：昧，冥也。

译　文

贿赂政府官员的事公开进行而不避讳，证明政治昏暗。

张商英注：这是以私谋公，以歪风混淆正直。

王氏批注：不知把恩惠向下推行，而是倚仗威势和权力侵吞百姓的利益。好的政令不施行，而是倚靠势力假公济私。欺诈百姓，把对的说成是错的；强取民财，把恶事美化成善事。如果用贪婪残暴的人执掌国事，必然会使法度昏暗、制度混乱。

评　析

当一个社会行贿受贿变成了潜规则，不再避讳；当各级行政官员堂而皇之地以职权寻租牟利，那就是腐败犯罪的表现。

在任何组织，一旦出现行贿受贿成了做事、办事的潜规则，就如同身上长上了毒瘤，必然会对组织和民心造成伤害。

原　典

闻善忽略，记过不忘者，暴。

注曰："暴则生怨。"

王氏曰："闻有贤善好人，略时间欢喜；若见忠正才能，暂时敬爱；其有受贤之虚名，而无用人之诚实。施谋善策，不肯依随；忠直良言，不肯听从。然有才能，如无一般；不用善人，必不能为善。

“齐之以德，广施恩惠；能安其人，行之以政。心量宽大，必容于众；少有过失，常记于心；逞一时之怒性，重责于人，必生怨恨之心。”

译 文

听到人的善举而不在意，对人的过错而念念不忘者，做事一定粗暴。

张商英注：暴虐使人生怨。

王氏批注：听到有贤能善良的好人，只一时欢喜；如果见到忠诚正直的才能之人，只短暂地敬重爱惜。这人只是有礼贤的虚名，而无任用人才的诚意。施行好的谋略计策，不能有效地依计贯彻；忠诚正直的良言，听不进去。虽然有才能，却如同没有一般。不用善良的人，必然不能有好的举措。

用道德来修养自己，广泛施行恩惠；能使众人安定，行事光明正大；心胸宽气量大，必能被众人接受；偶然犯有过失，时时地记在心上；任由一时的怒火，重责别人，一定会使其产生怨恨之心。

评 析

听到忠言，如过耳东风；见到好人好事，视若不见；对别人的缺点，耿耿于怀；对别人的错误，揪住不放。这样的人，必定是一个作风粗暴之人。

一个领导，要懂得欣赏人，每个人都有闪光点，看到属下的优点，听到很好的建议，要闻善则喜，及时表扬。用博大的胸怀宽容别人的缺点过错，得饶人时且饶人，严于律己宽以待人。这样的人必然受人拥戴！

君子记恩不记仇，小人记仇不记恩。想做君子，只记恩，只感恩，没有记仇就没有仇。传说尧之所以让舜继位就因为舜说的“记恩不记仇”深深打动了他。舜的后母对舜百般刁难，但舜一如既往地孝顺她。尧不解，问舜：“她对你如此蛮狠，你还对她好，为什么？”舜答：“她也有慈爱时，我记恩不记仇。”

原 典

所任不可信，所信不可任者，浊。

注曰：“浊，溷也。”

王氏曰：“疑而见用怀其惧，而失其善；用而不信竭其力，而尽其诚。既疑休用，既用休疑。疑而重用，必怀忧惧，事不能行。用而不疑，秉公从政，立事成功。”

译 文

使用的人不堪信任，信任的人又不能胜任其职，这样的政治一定很污浊。

张商英注：浊，是污浊的意思。

王氏批注：被猜忌而被任用的人，必然深怀恐惧，这样他的优势就大打折扣了。被任用却得不到全力支持的人，必然不能全心全意去做事。所以，既然猜疑一个人就不要任用他，既然任用他就不要怀疑他。既被猜疑又被重用，他必然怀有忧虑恐惧，事情就不能做成。用而不疑，秉承公正之心做事，事情就一定能够成功。

评 析

如果任用不可信的人，对才智德行已经了解、确实可信的人却不任用，这样的领导是糊涂的。既然不信任就别用，既然任用了就不要怀疑。

不信任而用，任用者心怀疑忌，不敢完全放手，影响所任者的效能；所任者得不到上级全力支持也不能尽情发挥，浪费时间和财力。如果一个人本不可信，而你却对他委以重任，结果必然事与愿违。

原 典

牧①人以德者集，绳②人以刑者散。

注曰："刑者，原于道德之意而恕在其中；是以先王以刑辅德，而非专用刑者也。故曰：'牧之以德则集，绳之以刑则散也。'"

王氏曰："教以德义，能安于众；齐以刑罚，必散其民。若将礼、义、廉、耻，化以孝、悌、忠、信，使民自然归集。官无公正之心，吏行贪饕；侥幸户役，频繁聚敛百姓；不行仁道，专以严刑，必然逃散。"

【注释】

①牧：牧养，在此处应按治民讲。
②绳：衡量、规范，纠正。

译　文

以德来治百姓，百姓就会归附之；用严刑峻法约束百姓，百姓就会离他而去。

张商英注：刑法，是在道德的基础上建立起来的，而宽恕的原则就包含在刑法之中。因此，先代君王用刑法辅助于道德，而不专用刑法。所以说：以德治理天下，百姓就会归附之；用刑法来约束百姓，百姓就远他而去。

王氏批注：用道德仁义教化人民，能使人民安定；用刑罚约束人民，必然使民众离散。如果能把礼制、仁义、廉明、羞耻改变为孝顺父母、关爱兄弟、忠于君主、信于朋友，就能使人民自然而然地归顺服从。当官的如果没有公平正直之心，下属小吏就会贪得无厌，任差役频繁搜刮百姓钱财。不施行仁爱正道，只凭严刑约束，百姓必然逃散。

评　析

海低百川归，花香蝶自来。用德治理天下，人心汇聚；用苛政峻法约束百姓，人心涣散。本书第二章讲的“德足以怀远”，第四章讲的“先莫先于修德”，此处讲的“牧人以德者集”，都是为了说明，欲治理万民，必须普施宽容好生之德，方能使民自然归服而会集。

刑法对于一个社会而言，永远应该放在辅助的位置，它用来辅助道德的养成。如果一味刑民以法，必然离心离德，一遇混乱，整个社会就会轰然倒塌。秦王朝虽然一统天下，但刑法过分酷暴，结果陈胜、吴广登高一呼，整个秦王朝顿时分崩离析。

虽然管理离不开规章制度，但如果领导者全赖这些制度去约束民众，必然民怨沸腾。

原 典

小功不赏，则大功不立；小怨不赦，则大怨必生。

注曰："人心不服则叛也。"

王氏曰："功量大小，赏分轻重；事明理顺，人无不伏。盖功德乃人臣之善恶；赏罚，是国家之纪纲。若小功不赐赏，无人肯立大功。

"志高量广，以礼宽恕于人；德尊仁厚，仗义施恩于众人。有小怨不能忍，舍专欲报恨，返招其祸。如张飞心急性躁，人有小过，必以重罚，后被帐下所刺，便是小怨不舍，则大怨必生之患。"

译 文

对小功不奖赏，那么大功就没有人去建立；对小怨不赦免，那么就会生成大怨。

张商英注：如果人心不服就会有叛心。

王氏批注：功劳要考量大小，赏赐分轻重；事情明晰、顺应道理，人无不心悦诚服。功德反映出臣子的善恶；奖赏惩罚就是国家的制度。如果小的功劳不赏赐，就没有人愿意立大功。

志向高远、气量广大，以礼宽恕别人；品德高尚、仁心深厚，仗义施恩于众人。有小的怨恨不能容忍，专心要报怨雪恨，反而会招致祸患。比如张飞心性急躁，部下有小的过错，就重重地惩罚，后来被部下所刺杀。这就是小的怨恨放不下，大的怨仇就必定会产生灾患。

评 析

如果小功得不到奖赏，那么就不能激发人去立大功；对于小的怨仇不原谅，则会激发更大的怨仇。人上一百，形形色色。日常管理错综复杂，日积月累，组织里不可避免会有一些积怨，这些积怨，如不及时处理就会成为矛盾的爆发点。

“赏小功”“赦小过”看上去是小事，但唯有心胸博大的人才可以真正做到。

原 典

赏不服人，罚不甘心者叛；赏及无功，罚及无罪者酷。

注曰：“非所宜加者，酷也。”

王氏曰：“赏轻生恨，罚重不共。有功之人，升官不高，赏则轻微，人必生怨。罪轻之人，加以重刑，人必不服。赏罚不明，国之大病；人离必叛，后必灭亡。施恩以劝善人，设刑以禁恶党。私赏无功，多人不忿；刑罚无罪，众士离心。此乃不共之怨也。”

译 文

奖赏不能让人心服，罚过不能让人甘心，必定众叛亲离。没有功劳的得到奖赏，没有犯罪却得到惩罚，这是残酷的表现。

张商英注：赏不该赏的人，罚不该罚的人，这就是残酷。

王氏批注：如果奖赏轻了就会心生怨恨，惩罚重了就会有不愿共事之心。有功劳的人，官职位爵晋升得不够高，赏赐得太少，人们必定产生怨恨。罪责轻微的人，却被施加很重的刑罚，必定不会顺服。奖赏惩罚不明确，这是国家大的隐患。人们必定叛变离开，最后一定灭亡。

评　析

人主以正治国，必赏罚分明。赏则言出必行，罚则严格执行。奖善罚恶，无私公正，赏罚必经考证而后行，才能取信于人，才能收到赏一劝百、罚一惩众的功效。如此才能让天下人心服口服，严肃社会风气，治理好国家。如果奖赏不公，就不能让人信服，人必生怨气；处罚不能让人甘心，就会引发背叛之心。

原　典

听谗而美，闻谏而仇者亡。

王氏曰："君子忠而不佞，小人佞而不忠。听谗言如美味，怒忠正如仇仇，不亡国者，鲜矣！"

译　文

听到谗言而觉得美，听到直言规劝而生仇意，是自取灭亡。

王氏批注：君子忠诚但不谗佞，小人谗佞却不忠诚。听到谗言如同吃到美味，向忠臣发怒如同对待仇人，这样的君主不亡国，少见！

评　析

"近贤臣，远小人"的道理，领导都明白，但就是做不到，因为每个人都想听好听的，而小人善于揣摩领导心理，琢磨领导的脾性、爱好，会顺着领导的心意，说好听的话，做眼面前的活儿；这种人琢磨领导，会与领导保持高度的一致性，整天围着领导转。也许初期领导还能清醒地知道要警惕小人，不被小人利用，但日久天长，慢慢就习惯了，甚至到了对歌功颂德者重用、犯颜直谏者仇恨的地步。拥有这样领导的组织，不败亡是很少见的。

原 典

能有其有者安，贪人之有者残[1]。

注曰："有吾之有，则心逸而身安。"

王氏曰："若能谨守，必无疏失之患；巧计狂徒，后有败坏之殃。如智伯不仁，内起贪饕、夺地之志生，奸绞侮韩魏之君，却被韩魏与赵襄子暗合，返攻杀智伯，各分其地。此是贪人之有，返招败亡之祸。"

【注释】

①残：伤害，不全，凶恶。

译 文

拥有自己应该拥有的，会心安理得；贪图人家所拥有的，就是一种伤害。

张商英注：拥有自己该拥有的，就会心神安逸、身体安泰。

王氏批注：如果能够谨慎坚守此原则，一定没有疏漏过失的祸患；巧取豪夺之狂徒，最后必有败坏的祸殃。比如春秋时期的智伯不仁义，内心贪得无厌，产生了侵夺别人土地的念头，阴险地排挤、侮辱韩国和魏国的国君，反被韩魏两国与赵襄子里通外合杀死了，三家都分得了他的土地。这就是贪图人家所拥有的却反过头来招致灭亡的祸殃。

评 析

君子爱财，取之有道，则活得心安理得；非己之所有，巧取豪夺来的，得之也会寝食难安，甚至会给自己带来灾难。西门庆不正是贪图他人妻子的美貌而招来杀身之祸吗？

智氏力量最强大，但是却屡屡侵夺韩、赵、魏三家的土地，使三家逐渐形成了利益共同体，从而在智伯围晋阳时，赵派使者出城与韩、魏两家结成了秘密同盟，最后里应外合打败智氏，韩、赵、魏三家瓜分了智氏的领地，为三家分晋奠定了基础。

第六篇

重视礼教，化育万民

（安礼章）

在前五篇阐述道、德、志、义的基础上，本篇重点阐述“理”的重要性。“礼”即“理”也，就是天地万物、人间万事的根本大法。

一切大道都寓于最简单而朴素的事物中，如果认识到了，你就能顺天应人，把握时局，扎实精进，知足常乐，永不迷失；并可让你捭阖有度、方圆有致、纵横随意、进退自如，成绝世大功。

安礼章

题 解

注曰："安而履之为礼。"

王氏曰："安者，定也。礼者，人之大体也。此章之内，所明承上接下，以显尊卑之道理。"

译 文

张商英注：安于规矩并切实履行就是礼制。

王氏批注：安，就是安定。礼，就是做人应遵循的重要道理。在这一章里，所说明的是传承上一辈接引下一代，以显明尊贵和卑贱的道理。

评 析

“礼”即“理”也，就是天地万物、人间万事的根本大法。任何人安身立命，建功立业，都要遵守这些法则，谨守奉行，才能规范自己的言行，抓住事物的规律。

本章就是在前五章道、德、仁、义等基础上，阐述礼的重要性，说明国家要建设好礼制，要重视礼教，化育万民；个人要在仁心道义的基础上，自觉规范自己的言行，谨守社会的各种礼制，上下尊卑，各就其序，如此才能立身、御世、施教、立功。

所以，当事业遭遇挫折，活得不尽如人意的时候，不要怨天怨地，要反躬自省，看我们是否违背了做事的道理、事物的规律？

原 典

怨在不舍小过，患在不豫定谋。

王氏曰：“君不念旧恶。人有小怨，不能忘舍，常怀恨心，人生疑惧，岂有报效之心？事不从宽，必招怪怨之过。人无远见之明，必有近忧之事。凡事必先计较、谋算必胜，然后可行。若不料量，临时无备，仓卒难成。不见利害，事不先谋，返招祸患。”

译　文

怨恨是因为不肯宽恕别人小的过失，灾患产生于事前未做好周全的谋划。

王氏批注：君王不应当念念不忘于别人以前的恶意或恶行。如果你对人有小的怨气，不能忘记放下，时常怀恨在心，对方心里就会产生疑虑和恐惧，怎么会有报效你的心意呢？做事不能从宽待人，一定会招致因责怪埋怨而造成的恶果。

人没有长远见识的睿智，眼前就会有让你忧虑的事情。所有的事情都要先计划权衡、谋划策略，有必胜的把握，然后才可以实行。如果事先没有预料、衡量，事到临头没有准备，事情在仓促之间就难以成功。不能看清利害关系，做事不预先谋划，一定会招致祸患。

评　析

“人非圣贤，孰能无过？”如果凡事与人斤斤计较，对一些小怨也耿耿于怀，对一些小过失也念念不忘，那么对方对你也不会有好感。这样，彼此间的怨气会越来越大，由怨成仇，祸患滋生。

仇怨并不是因为别人得罪了我们，而是因为我们自己的气量不够大，不能宽恕别人。一个人要有容人之量，即“度量”，也就是气量。如果没有容人之量那就不会成就大事。

高人谋于事前，有备无患。而很多人做事，都是走一步，看一步，对事情的发展毫无预见，等事情突然来临时，仓促应对必然处处被动。而应对不力，必然埋下祸患。明者远见于未萌，智者避免于未形。中医有个思想与此相似，叫“治未病”，即在疾病还没有生成之时，就加紧调养，防病于未得之时。

事后控制不如事中控制，事中控制不如事前控制，可惜大多数的事业经营者均未能体会到这一点，等到错误的决策造成了重大的损失才寻求弥补。弥补得好，当然是声名鹊起，但更多的时候是为时已晚。

原 典

福在积善，祸在积恶。

注曰："善积则致于福，恶积则致于祸；无善无恶，则亦无祸无福矣。"

王氏曰："人行善政，增长福德；若为恶事，必招祸患。"

译 文

幸福在于积善累德；灾祸源于多行不义。

张商英注：善行积累就会获得幸福，恶行积累就会导致灾祸。既没有善行也没有恶行，那么也无灾祸、也无幸福啊。

王氏批注：人为政良善，会增长福分、德行；如果做坏事，必定会招致祸患。

评 析

老子说：“君子有造命之学，命由我立，福自己求。祸福无门，唯人自招。”从现实的角度讲，如果对人真诚、善良，别人也会以同样的态度对待你；如果对人常常恶语相加、欺骗蔑视，别人也会对你如此。这本身就是一种“善恶有报”。所以，无论做人还是做事，常怀一颗善良的心，收获也必定是善良的果。

因果定律以最简单的形式告诉人们，如果生活中你为自己设定了想要得到的结果，你就需要追溯前人，看一看那些得到这个结果的人是怎么样做的，并为这个结果不停地努力、付出，如果你能够做和成功人士同样多的事情，你获得的结果也将和他们同样多，这不是奇迹，而是一个很自然的规律。

原 典

饥在贱农，寒在惰织。

王氏曰：“懒惰耕种之家，必受其饥；不勤养织之人，必有其寒。种田、养蚕皆在于春；春不种养，秋无所收，必有饥寒之患。”

译 文

挨饥受饿是因为轻视农业，挨冷受冻是因为惰于纺织。

王氏批注：懒于耕种的家庭，一定会挨饿；不勤劳养蚕纺织，一定会受冻。种田、养蚕都取决于春天。春天不耕种养蚕，秋天就没有收成，一定有饥饿、寒冷的隐患。

评 析

老百姓缺衣少食，不得温饱，那一定是当政者轻视农业生产、不关心民间疾苦的结果。贱农则民饥，惰织则民寒。战争的起源有两个：要么是天灾，要么是人祸。不管是天灾还是人祸，农民起义、百姓造反的主要原因一定是老百姓活不下去了。故衣与食，民之命脉也。民富才能国强。

理有必然，事有必至者也。通人情，明世故，理事之根本也。

原 典

安在得人，危在失士。

王氏曰："国有善人，则安；朝失贤士，则危。韩信、英布、彭越三人，皆有智谋，霸王不用，皆归汉王；拜韩信为将，英布、彭越为王；运智施谋，灭强秦，而诛暴楚；讨逆招降，以安天下。汉得人，成大功；楚失贤，而丧国。"

译 文

长治久安在于得到人才，组织危亡是因为失去人才。

王氏批注：国家有良善之人，就安定；朝廷失去贤能的人，就危险。韩信、英布、彭越三人，都有智慧谋略，项羽不任用他们，都归附了刘邦。刘邦拜韩信为大将，英布、彭越为王，运用智慧，施展谋略，灭掉了强大的秦国，诛灭了残暴的西楚；征讨叛逆，招安降兵，使天下安宁。大汉得到人才，成就大功；西楚失去贤才，最终灭亡。

评 析

国家的昌盛，在于君王圣明，有贤才辅弼；国家倾覆，一定是君主无道，众叛亲离。得人才者得天下。

汉高祖刘邦在洛阳南宫摆酒宴，曰：“彻侯、诸将毋敢隐联，皆言其情：吾所以有天下者何？项氏之所以失天下者何？”高起、王陵对曰：“陛下使人攻城略地，因以与之，与天下同其利；项羽不然，有功者害之，贤者疑之，此所以失天下也。”上曰：“公知其一，未知其二。夫运筹帷幄之中，决胜千里之外，吾不如子房（张良，字子房）；镇国家，抚百姓，给饷馈（供给军饷），不绝粮道，吾不如萧何；连百万之众，战必胜，攻必取，吾不如韩信。三者皆人杰，吾能用之，此吾所以取天下者也。项羽有一范增而不用，此所以为我所擒也。”群臣悦服。

唐太宗认为“致安之本，惟在得人”，深以为然。

原　典

富在迎来，贫在弃时。

注曰：“唐尧之节俭，李悝之尽地利，越王勾践之十年生聚，汉之平准，皆所以迎来之术也。”

王氏曰：“富起于勤俭，时未至，而可预办。谨身节用，营运生财之道，其家必富，不失其所。贫生于怠惰，好奢纵欲，不务其本，家道必贫，失其时也。”

译　文

富有在于抓住时机顺势而为，贫困是因为放弃机会错过良机。

张商英注：唐尧节俭，李悝充分发挥地利，越王勾践用十年时间发展人口、聚积物力，汉朝平抑物价的措施，这些都是增产节约的好办法。

王氏批注：富裕来源于勤劳俭朴，时机尚未来到就预先备办。约束自身节约用度，经营生财之道，他的家庭必然富裕，不会失去所拥有的财富。贫困根源于懒惰，喜好奢侈放纵欲望，不恪守本分，家境必然贫穷，是没有把握时运的原因呀。

评　析

人类的荣辱贫富，犹如草木逢四时之往复。时临春夏，为得时，则有生长繁茂之荣富。逢秋冬，是失时，必遇凋零枯落之贫辱。

时运对于事业的成败很重要，在合适的时间做合适的事，才能保证事有所成。错过了时运，再大的能力也无济于事。比如说农业生产，关键要在春天适时播种，秋天才会收获；如果延误了农时，错过了播种季节，秋天就只能一无所获了。

每个人的成功，都是由一系列内、外时机造就的，没有这些机会，再有才华也只能哀叹“英雄无用武之地”了。

原　典

上无常操[①]，下多疑心。

注曰：“躁静无常，喜怒不节；群情猜疑，莫能自安。”

王氏曰：“喜怒不常，言无诚信；心不忠正，赏罚不明。所行无定准之法，语言无忠信之诚。人生疑怨，事业难成。”

【注释】

①操：品行，操行，操守。例：《汉书·张汤传》：虽贵人，有贤操。

译　文

领导者反复无常，言行多变，部属必生猜疑之心，无所适从。

张商英注：或躁或静没有常规，高兴与愤怒不加节制，众人的心中猜测疑惑，没有能够自我安定的。

王氏批注：喜怒无常，说话就不会诚信；内心不忠诚正直，赏罚就不会严明。所做的事没有确定的标准，说的话就没有信用。人们就会产生疑虑埋怨，事业一定难以成功。

评 析

成事之道，重在尊道贵德，一以贯之；领导之道重在身体力行，言行一致。而那些无原则、无定力，遇事先乱、朝令夕改、反复无常的领导，常常给人不稳重、没把握、不可信的感觉，下属也会误解或吃不准领导的意图，久之必生疑心，产生异志。

大到国家的治理，小到企业、单位的管理，做领导的都应该注意自己的言行举止，稳重谨慎，要为下面的人树立好的榜样，而不能随便轻浮，遇事慌乱，朝令夕改。

原 典

轻上生罪，侮下无亲。

注曰："轻上无礼，侮下无恩。"

王氏曰："承应君王，当志诚恭敬；若生轻慢，必受其责。安抚士民，可施深恩、厚惠；侵慢于人，必招其怨。轻蔑于上，自得其罪；欺罔于人，必不相亲。"

译　文

对上轻视不恭，必定获罪；对下属侮辱傲慢，必定失去亲附。

张商英注：轻视上级是没有礼貌的，欺侮下级就没有恩惠。

王氏批注：侍奉君王，应当用心专一、诚恳恭敬。如果有轻薄怠慢，一定会受到责罚。安抚士子人民，可以施行深厚的恩情、优厚的待遇。侵犯怠慢他人，必定招致埋怨。轻蔑地对待上位者，会自己受罪。欺辱诓骗下边的人，人们必然不会亲近他。

评　析

君待臣以礼，臣事君以忠，这是君臣之道。如果为臣的对国君居功轻慢，就是失礼；作为身居高位、手握权力的君主，即使懦弱无能，也会忍无可忍，做人臣的轻则削职，重则亡身。从另一个角度看，做国君的，侮辱臣下，就是不仁。如果凶残粗暴，欺凌侮辱下臣，臣子就不会亲近他，就成了真正的“孤家寡人”，历史上许多弑君犯上事件，多数因此而发生。

一个和谐的社会，是由很多具体的礼制来规范的，有的以法制强制规范，有的以道德约束，也有约定俗成。所谓：“长幼有序，夫妻有别，父子有亲，君臣有义，朋友有信。”人不同于其他生物的一个重要特点，在于人类具有与生俱来的五常之道。坚持五常之道，就能维持社会的稳定和人际关系的和谐。尊重师长，亲爱下级，就是整个社会秩序当中的一环，没有了规矩，破坏了秩序，就会引起混乱。

人们常常痛恨皇帝在打下江山后，屠杀功臣，而有“兔死狗烹”之叹。但殊不知许多元老大臣在功成名就之后，居功轻慢，结果犯了“轻上生罪”这一条，而最终被杀。譬如，鳌拜是先朝名将，托孤重臣。自以为大清江山是他打下来的，先皇是他从死人堆里背出来的，功高盖世。认为十四岁的皇帝还是一个孩子，知道什么政治大事？于是，遇事就独断专行，甚至还去教导小皇帝应该怎么做。不管功劳有多大，资格有多高，如此作风，连十四岁的孩子都受不了。小皇帝如芒在背，终日谋划以除掉鳌拜为志，结果康熙十六岁诛杀了鳌拜。

所以，纲常秩序是一个组织正常运行的保证。君臣上下，各守其分，不越位，不错位，互相礼敬，彼此配合，才能功德圆满！礼仪伦常是一个家族和谐的保证，父慈子孝，夫妻恩爱，婆媳和睦，才有家族的兴旺发达！

原 典

近臣不重，远臣轻之。

注曰：“淮南王言：去平津侯如发蒙耳。”

王氏曰：“君不圣明，礼衰、法乱；臣不匡政，其国危亡。君王不能修德行政，大臣无谨惧之心；公卿失尊敬之礼，边起轻慢之心。近不奉王命，远不尊朝廷；君上者，须要知之。”

译 文

身边的近臣如果得不到信任和重用，外臣就会轻视他们。

张商英注：淮南王刘安说："去掉平津侯公孙弘就像把覆盖物品的蒙皮揿掉一样容易。"

王氏批注：君主不圣明，礼制衰落，法制昏乱。臣子不匡扶国政，他的国家就有灭亡的危险。君王不能够以修养仁德来行施政事，大臣就没有谨慎、畏惧之心，王公大臣失去尊敬的礼制，朝廷外就会产生轻视怠慢的心思。身边的人不遵守君王命令，远方的人就不会尊敬朝廷。君主必须知道这个道理。

评 析

国君身边的大臣如果得不到信任、重用，远离中央的地方官吏也会看不起他们。这样一来，朝中大臣的权威就会降低，中央的决策部署就很难有力贯彻。

齐桓公重用管仲，管仲助其九合诸侯，一匡天下；刘玄德委权于孔明，孔明助其得荆州，入西川，三分天下而得其一；唐太宗以魏徵为鉴，才有贞观之治，成就其千古一帝之美名。这都是历史的明证。汉武帝时，提出"推恩令"的主父偃，受到重用，官至中大夫之职。后主父偃君前失宠，所以淮南王刘长说，去掉平津侯主父偃易如反掌。这就是"近臣不重，远臣轻之"。

古代皇帝派大臣下基层办事时，总是授以"钦差大臣"的名号，授予王牌"如朕亲临"或授予"尚方宝剑"可以先斩后奏，就是要加强下派大臣的权威性，形成震慑力，从而有利于事情的解决。

原　典

自疑不信人，自信不疑人。

注曰："暗也。明也。"

王氏曰："自起疑心，不信忠直良言，是为昏暗；己若诚信，必不疑于贤人，是为聪明。"

译　文

怀疑自己的人不会信任别人，自信的人不会怀疑别人。

张商英注：怀疑自己的人愚昧，相信自己的人明智。

王氏批注：自己心里先有了猜疑，就不会相信忠诚正直人的良言，这是昏庸愚昧。自己如果诚实守信，必然不猜忌贤能之人，这就是聪明。

评　析

怀疑别人的人，是因为他不自信。自信的人，一般也不会怀疑别人。

自信的人，头脑清醒，对自己的优点和缺点认识得很清楚，自觉地扬长避短，完善自己，增益才干、知识。明白人自知知人，昏聩的人不自知也不知人，懦弱的人自疑疑人。

原典

枉[①]士无正友。

注曰："李逢吉之友，则'八关''十六子'之徒是也。"

王氏曰："谄曲、奸邪之人，必无志诚之友。"

【注释】

①枉：邪僻。枉本意指树木弯曲。由此引申指人的品行、作风等不正、不公道，特指歪曲法律、办案不公。《说文》解释为：枉，邪曲也。枉士指的是人品不正、行为不端的小人。

译文

邪恶之士没有正直的朋友。

张商英注：李逢吉的友人都是"八关""十六子"这些不正派的人。

王氏批注：谄媚不正直、奸佞邪恶的小人，一定没有专一诚实的朋友。

评析

奸邪之人不会有正直的朋友。

鬼谷子云："同声相呼，实理同归。"意思是说，同类的事物总是会聚到一起，心性相似的人也最终会走到一起。俗语说“物以类聚，人以群分”。能走到一起、走到最后的人，其关键不是因为利益或性格，而是人品上的彼此认同。

宋代大儒朱熹说：“君子贤其贤，而亲其亲；小人乐其乐，而利其利。”人有不同，志趣各异，君子绝不会与小人相亲，小人也视君子为异类。君子之交淡如水，小人之交甜如蜜。君子之交交于义，没有利；小人之交交于利，没有情。君子为朋友两肋插刀，小人口蜜腹剑，两面三刀。交友不可不慎！

原　典

曲上无直下。

注曰：“元帝之臣则弘恭、石显是也。”

王氏曰：“不仁无道之君，下无直谏之士。士无良友，不能立身；君无贤相，必遭危亡。”

译　文

邪僻的上司必没有正直的部下。

张商英注：汉元帝手下的大臣弘恭、石显，就是这样的人。

王氏批注：不行仁爱、没有道义的君王，手下就没有可以直言劝谏的人士。人如果没有良友，就不能安身立命。君王如果没有贤能的宰相，必定会有危亡。

评 析

俗话说“上有所好，下有所效”，什么样的领导，就带什么样的兵。榜样的力量是无穷的。一个单位风气的养成，主要看领导的言传身教。言传是教育，身教是带领。

原 典

危国无贤人，乱政无善人。

注曰：“非无贤人、善人，不能用故也。”

王氏曰：“谗人当权，恃奸邪害忠良，其国必危。君子在野，无名位，不能行政。若得贤明之士，辅君行政，岂有危亡之患？纵仁善之人，不在其位，难以匡政、直言。君不圣明，其政必乱。”

译 文

行将灭亡的国家，是因为没有重用贤人；陷于混乱的政治，是因为没有善人参与。

张商英注：并不是没有德才兼备、能力很强的人才，而是他们不能被任用。

王氏批注：谗佞小人掌握权力，依靠邪恶的人，谋害忠良，国家必然危亡。君子不被重用，没有名位，不能够从事政事。如果得到贤明之人，辅佐国君行使政事，怎么会有国家危亡的忧患呢？即使是仁爱善良的人才，得不到自己的职位，就难以直言建议，匡扶政治。君王不圣明，他的政局肯定混乱不稳。

评 析

陷入危急的国家没有贤才吗？陷入混乱的政治没有善人参与吗？不是没有，是有才人得不到重用而已。

每个时代都有道德高深、才情卓越的人，关键在于这些人能否被当权者赏识且重用。奸臣当道时，就会出现危国、乱政。如东汉末年，外戚擅权，宦官当道，而那个时代却人才辈出，比如，刘备、孙坚、孙策、曹操、诸葛亮、周瑜、鲁肃、徐庶、关羽、张飞、赵云等，只要当权者适当任用这些人才，必定会改写历史。只可惜，这些英雄或枭雄，要么被朝廷打压、弃用，要么隐居民间等待时机，东汉王朝偌大基业瞬间倒塌。

原 典

爱人深者求贤急，乐得贤者养人厚。

注曰：“人不能自爱，待贤而爱之；人不能自养，待贤而养之。”

王氏曰：“若要治国安民，必得贤臣良相。如周公摄正辅佐成王，或梳头、吃饭其间，闻有宾至，三遍握发，三番吐哺，以待迎之。欲要成就国家大事，如周公忧国、爱贤，好名至今传说。

“聚人必须恩义，养贤必以重禄；恩义聚人，遇危难舍命相报。重禄养贤，辄国事必行中正。如孟尝君养三千客，内有鸡鸣狗盗者，皆恭养而敬重。于他后遇患难，狗盗秦国孤裘，鸡鸣函谷关下，身得免难，还于本国。孟尝君能养贤，至今传说。”

译 文

深爱人才的，一定急于求取贤才；乐于得到贤才的人，待人一定优厚。

张商英注：人不能孤芳自赏，要厚待贤人而且爱护他们；人不能自我厚养，要优待贤人而且厚养他们。

王氏批注：要治国安民，必须得到贤臣忠良襄助。如周公旦主持朝政辅佐周成王，他在梳头、吃饭的时候，听说客人来到，多次都是这样的：正在洗头，听闻贤人来访，来不及把头发擦干，手握头发出来见客；正在吃饭，入口的食物都来不及咽下，要吐出食物以迎接客人。想要成就国家大事，应当像周公那样为国家担忧，爱惜贤才，美好的声誉流传至今。

聚揽人才必须依靠恩义，养护贤才必须提供优厚的俸禄。用恩德仁义聚揽人才，遇有危急困难的时候，贤才会舍命报答。用优厚的俸禄供养贤才，有贤才辅佐，那么国事才能处理得恰到好处，公平公正。比如孟尝君供养了三千食客，里边有会鸡鸣狗盗的人，他都恭敬地对待。后来孟尝君遇难，学狗偷东西之人盗取了送给秦王的狐皮大衣，学鸡打鸣之人在函谷关下学公鸡打鸣，使关门提早打开，孟尝君免于灾难，安全回到本国。孟尝君善于养士养贤，美名流传至今。

评 析

衡量一个领导人成就大小的标准，要看他的信念的深度、雄心的高度、胸怀的广度和他对下属爱的程度。诸葛亮曰：“古之善将者，养人如养己子。”

作为一位政治家兼军事家的诗人曹操，十分重视人才，思贤若渴，他的《短歌行》就抒发了他渴望招纳贤才、建功立业的宏图大愿。

凡用人者，必须厚养之。高官厚禄为养，放权使能为养，恩义聚人亦为养。用而不养，养而不厚，上下离心。孟尝君养士，是真心爱士，实心养士，诚心用士。

孟尝君对于来到门下的宾客都一样热情接纳，不挑拣，无亲疏，一律给予优厚的待遇。所以，宾客们都认为孟尝君与自己亲近，情愿归附为他效力。天下的贤士倾心向往，不几年就养了食客三千多人，一时有倾天下之士的美名。他与赵国平原君赵胜、魏国信陵君魏无忌、楚国春申君黄歇被合称为尚贤好士的“战国四公子。”

孟尝君田文养士，更懂得“得士者强，失士者亡”的道理，“得士者强”就是他养士的目的。要养士必须先得士，得士必须爱士，待之以礼，帮之以利。

原　典

国将霸①者士皆归。

【注释】

①霸：在此处是强大、繁荣昌盛之意。

译　文

国家将要成就霸业，人才都会前来归顺。

评　析

国家崛起，万象更新，具有强大的吸引力，天下辐辏而集，有志之士纷纷前来效力。

那么，一个国家、一个组织靠什么来吸引人才？在我看来，无非以下两点：一是行大道，施仁政。孔子曰：“为政以德，譬如北辰居其所，而众星拱之。”二是搭建平台，常言说：“栽下梧桐树，引来金凤凰。”所以，一个国家或组织发展形势好的时候，就会财旺人旺，欣欣向荣，一派生机勃勃！

原 典

邦将亡者贤先避。

注曰："赵杀鸣犊，故夫子临河而返。若微子去商，仲尼去鲁是也。"

译 文

国家将要败亡，德才兼备的贤人就会隐退回避。

张商英注：赵简子杀了窦鸣犊，所以孔子走到黄河边就返了回来。像微子离开商都，孔子离开鲁国，就是贤人隐退回避的例子。

评 析

就要灭亡的国家，贤明的人将纷纷逃离，避难他乡。因为在封建社会，一个人不管有多大的能力，也只有得到明君的任用，才能施展才华，实现自己经世济民的心愿，否则只好"择木而栖"。

从人才的流向就可以看出一个国家的兴亡。"君子不涉身犯险，不立危墙之侧。"就是说君子要远离危险的地方。这包括两方面：一是防患于未然，预先觉察潜在的危险，并采取防范措施；二是一旦发现自己处于危险境地，要及时离开。

原 典

地薄者，大物不产；水浅者，大鱼不游；树秃者，大禽不栖；林疏者，大兽不居。

注曰："此四者，以明人之浅则无道德；国之浅则无忠贤也。"

王氏曰："地不肥厚，不能生长万物；沟渠浅窄，难以游于鲸鳌。君王量窄，不容正直忠良；不遇明主，岂肯尽心于朝。

"高鸟相林而栖，避害求安；贤臣择主而佐，立事成名。树无枝叶，大鸟难巢；林若稀疏，虎狼不居。君王心志不宽，仁义不广，智谋之人，必不相助。"

译 文

土地贫瘠，不会有大的物产；水浅之处，不会有大鱼游动；秃树之上，不会有大的禽鸟栖息；林木稀疏，不会有大的兽类居住。

张商英注：这四句话，是用来说明人浅薄就不会有高深的道德修为；国家衰微破败，就不会有忠勇贤士辅佐。

王氏批注：土地不够肥沃深厚，万物就无法生长；沟渠又浅又窄哪有鲸鱼大鳌游动？君王心量狭窄，就容不下正直忠良的臣子。遇不到贤明的君主，哪里肯尽心尽力效忠于朝廷呢？

飞得高的鸟会选择树林栖息，以躲避危险寻求安全。贤臣选择君主而辅佐，以求成就事业功名。树上没有枝叶，大鸟难以做巢；林木如果稀疏，虎狼不会居住。君王志心不宽宏，仁义不能广施，有智慧谋略的人，一定不会相助。

评 析

明主量能立势，搭建平台，广纳贤才以丰满羽翼。山深则兽归之，渊深则龙归之；贤臣择主而辅，施展才华，立事成名。君主心志不宽，仁义不广，智德之人必不相助！故德薄者贤才不聚！

这里用客观的自然现象做进一步说明，假如领导者没有伟大的使命、远大的志向、宽宏的胸怀，就必然不会吸引、凝聚大批人才。人们不会追随某一个人，而永远是在追随一个梦想或伟大的计划！

美国前国务卿基辛格说过："领袖的任务就是带领人们从所在之地到达他们从未到达之地。他做了一个远大的决策，树立一个宏大的愿景，他还要把他的决策和愿景一一分享给他人，让他人了解到他所做的事业有多么伟大。因此，他选择了一条捷径，那就是通过'传道分享'去教育他们。"比如，刘备的"匡扶汉室"，宋江的"替天行道"，孙中山的"天下为公"，奥巴马的"变革和希望"。领导者要先构建一个伟大的梦想，如漫漫黑夜中发出的一道亮光，引发人们无限的希望，并愿意为之一起奋斗将其实现。

原 典

山峭者崩，泽满者溢。

注曰：“此二者，明过高、过满之戒也。”

王氏曰：“山峰高峻，根不坚固，必然崩倒。君王身居高位，掌立天下，不能修仁行政，无贤相助，后有败国、亡身之患。

“池塘浅小，必无江海之量；沟渠窄狭，不能容于众流。君王治国心量不宽，恩德不广，难以成立大事。”

译 文

山势过于陡峭，则容易崩塌；沼泽蓄水过满，则会漫溢出来。

张商英注：山峭崩、泽满溢这两个方面，是用来说明过高、过满是应当警惕戒备的。

王氏批注：山峰高拔险峻，根基就不会坚固，必然崩溃倒塌。君王身居高位，执掌天下，如果不能修行仁义，推行政事，没有贤能的人相助，最后就会有国败身亡的隐患。

池塘又浅又小，一定没有江河湖海的容量；河沟水渠狭窄，自然不能容纳众多河流。君王治理国家心量不够宽宏，恩义仁德不能广施，就难以成就大事。

评 析

山峰越是陡峭，越是容易崩塌；湖泊超过其容量，就会出现四溢的现象。这是自然常理。以此来警戒为人切勿得意忘形，以免到手了的权势、财富、功名转眼成空。

当人处在困境之中时，大多数人会奋发图强、励精图治、礼贤下士，而一旦如愿，便容易放逸骄横，忘了自己的初心和一起创业的兄弟。古今英雄，善始者多，善终者少。因此无论做人还是做事，都要注意分寸，能持中守一，适可而止。

留耕道人《四留铭》云：“留有余，不尽之巧以还造化；留有余，不尽之禄以还朝廷；留有余，不尽之财以还百姓；留有余，不尽之福以还子孙。”意思是说，留有余地，不把技巧使尽以还给造物主；留有余地，不把俸禄得尽以还给朝廷；留有余地，不把财物占尽以还给老百姓；留有余地，不把福分享尽以留给子孙后代。高景逸所云：“临事让人一步，自有余地；临财放宽一分，自有余味。”意思是说，遇事让人一步，自然有周转的余地；遇到财物放宽一分，自然就有其中的乐趣。推而言之，所有的事情都是如此。

原 典

弃玉取石者盲。

注曰：“有目与无目同。”

王氏曰：“虽有重宝之心，不能分拣玉石；然有用人之志，无智别辨贤愚。商人探宝，弃美玉而取顽石，空废其力，不富于家。君王求士，远贤良而用谗佞，枉费其禄，不利于国。贤愚不辨，玉石不分；虽然有眼，则如盲暗。”

译 文

抛弃美玉、去捡石头的人，是有眼无珠。

张商英注：有眼无珠和没有眼睛是一样的。

王氏批注：虽然有珍重宝石的心意，却不能分辨出玉石和普通的石头。虽然有用人的想法，却没有智慧来分辨贤能和愚昧。商人探求珍宝，舍弃美玉而选走顽石，白白地耗费力气，不能使家庭富有。君王渴求人才，却远离贤人忠良，任用谗佞小人，白白地浪费俸禄，对国家没有助益。分辨不出贤能与愚昧、玉石与顽石，虽然有眼，却和盲人看不见东西一样。

评 析

抛弃美玉而拣取贱石，是目盲看不见的缘故。此以“弃玉取石”比喻抛弃忠贞直谏的贤人，反而重用花言巧语的小人，是盲目行为。

道理显而易见，都知道宝玉贵于石头，但遇到事情时，人们往往辨识不清，分不清智愚、忠奸及轻重缓急。“弃玉取石”的人，不是傻子就是瞎子。其实，这种事在我们身边是经常发生的，几乎每个人都有过如此愚蠢的选择。比如，我们经常为一些身外之物而奋斗不休，为此我们却失去了许多东西，像家庭的亲情、自己悠闲的心情甚至健康，这都是“弃玉取石”的行为。

原 典

羊质虎皮者辱。

注曰：“有表无里，与无表同。”

王氏曰：“羊披大虫之皮，假做虎的威势，遇草却食；然似虎之形，不改羊之性。人倚官府之势，施威于民；见利却贪，虽妆君子模样，不改小人非为。羊食其草，忘披虎皮之威。人贪其利，废乱官府之法，识破所行谲诈，反受其殃，必招损己、辱身之祸。”

译 文

具有羊一样怯懦的本质，却披上虎皮来蒙骗吓唬人的人，终被人辱。

张商英注：有外表没有实体与没有外表是一样的。

王氏批注：羊披着老虎的皮，假装老虎的威势，碰到草却去吃。虽然有虎的外形，却改不掉羊的本性。恶人倚仗官府的势力，向百姓显露威风，见到好处就贪婪。虽然装作君子的模样，终究改不掉小人的胡作非为。羊吃草的时候，忘了披着虎皮的威严。恶人贪图利益，扰乱官府的法纪，如果被识破诡谲狡诈的行为，一定会招来身败名裂的祸。

评　析

有羊的身体，却披着虎的外皮，犹如一个无知的小人，穿着君主的衣装。这种表里不一的冒牌货，一旦被戳穿，一定会招来身体受损、名誉受辱的祸殃。

时下，虚假广告漫天飞，自我吹嘘成阶梯，什么“亚洲第一人”“中国第一名”等等满世界都是！牛皮吹破时就是小妖现形时！所以，有一说一，已属不易，谦虚谨慎更为难得。但是谁若能做到，必会受世人尊敬！

原　典

衣不举领者倒。

注曰：“当上而下。”

王氏曰：“衣无领袖，举不能齐；国无纪纲，法不能正。衣服不提领袖，倒乱难穿；君王不任大臣，纪纲不立，法度不行，何以治国安民？”

译　文

拿衣服时不提领子，会把衣服拿颠倒。

张商英注：应当从上而下。

王氏批注：衣服没有领口袖子，就不能顺当地提起来；国家没有法纪纲常，执法就不能公正。穿衣服不提衣领衣袖，就会提反、提乱而难以穿衣；君王不任用大臣，法纪纲常不能确立，法度不能推行，怎么能理国安民呢？

评 析

想拿起一件衣服，只要抓住领子，一提之下，衣服就会顺顺当当，衣袖、襟裳就会明明白白。如果抓住其他地方，衣服就会颠三倒四不成衣服的样子了。

世间法则和自然法则一样，自有其客观性、严肃性、不可违抗性。我们要运筹帷幄，决胜千里，就必须要了解趋势、掌握规律、抓住事物的关键，抓住重点，纲举则目张。

原 典

走不视地者颠。

注曰：“当下而上。”

王氏曰：“举步先观其地，为事先详其理。行走之时，不看田地高低，必然难行；处事不料理上顺与不顺，事之合与不合；逞自恃之性而为，必有差错之过。”

译 文

走路不看地面的人，就会跌倒。

张商英注：应当往下却往上。

王氏批注：抬起脚步之前先看看地面，做事之前先审慎地疏清条理。走路的时候，不看田地的高低，必然难以行走；做事的时候不思考上下是否顺当，处事合不合情理，自恃清高任性而为，必定会有错误和过失出现。

评 析

走路不看地面的人，很容易栽跟头。无论做什么，看清方向，识别道路都是最重要的。国君治理天下，如果本末倒置，乱了章法，没有条理，那么整个国家也会陷入混乱。

老百姓如果不能恪守本分、安居乐业，社会就会动荡不安。事实上，世间万事看似千头万绪，形态各异，变化无穷，但各有所归，各有其类，都有它自身的规律，只要透过其表象看透其本质，把握了做事的关键，顺势而为，因势利导，乘势而上，就能一举成功。

原 典

柱弱者屋坏，辅弱者国倾。

注曰："才不胜任谓之弱。"

王氏曰："屋无坚柱，房宇歪斜；朝无贤相，其国危亡。

梁柱朽烂，房屋崩倒；贤臣疏远，家国倾乱。”

译　文

如果梁柱太弱，房屋就会倒塌；如果宰辅丞相才德不够，国家就会倾颓。

张商英注：才能不能胜任职务就叫作弱小无能。

王氏批注：房屋如果没有坚固的立柱支撑，房屋楼宇就会歪斜不稳；朝中没有贤能的相国，国家就有灭亡的危险。栋梁和立柱腐朽溃烂，房屋会崩塌倒掉；疏远了贤能的臣子，国家就会倾倒混乱。

评　析

才不配位，不能胜任，就是弱；柱梁是房屋的主要支撑，柱弱，屋子就会动荡不稳，势必坍塌。国君治国平天下，必须要有贤良辅国。如果辅臣无能，那么理政决策就不会高效有力！得人才者得天下。国家之间的竞争归根结底是人才的竞争，组织之间的竞争也是人才的竞争。得一人而得天下，失一人而失一国，这样的例子在历史中有很多。

原 典

足寒伤心，民怨伤国。

注曰：“夫冲和之气，生于足，而流于四肢，而心为之君，气和则天君乐，气乖则天君伤矣。”

王氏曰：“寒食之灾皆起于下。若人足冷，必伤于心；心伤于寒，后有丧身之患。民为邦本，本固邦宁；百姓安乐，各居本业，国无危困之难。差役频繁，民失其所；人生怨离之心，必伤其国。”

译 文

脚下受寒，必伤其心；民心有怨，必伤其国。

张商英注：元气，从脚上产生然后流通于四肢，而心为元气的主宰，人体内元气充和身心就会安泰，人体内元气失调身心就会受到伤害。

王氏批注：寒冷的疾病都是从脚上引起的。如果人的脚受凉了，必定伤及心脏。心脏被寒气所伤，过后会有丧生的隐患。民众是邦国的根基，根基稳固国家才能安宁。百姓安居乐业，国家就没有危急困顿的灾难。频繁的差遣徭役，民众不能安居乐业，必会产生怨恨叛离之心，一定会伤害到国家。

评　析

民虽处下，却是国基，若怨声载道，必挫国锐。君主治理天下，在朝廷上，应该以养正气为先，在民间应该以养元气为本。使贤人君子没有闷在心里的话，那么正气就得到培养了；使黎民百姓心中没有怨言，那么元气就巩固了。这是历代帝王确保天下太平的首要方法。领导亦如是。

可惜人们往往注重头面，却忽略其手足，就像昏君贪婪其权势，忽视其臣民一样。鉴于此，才有“得人心者得天下”的古训。孟子也曾经说过：“民为贵，社稷次之，君为轻。”

原　典

山将崩者下先隳①；国将衰者民先弊。

注曰：“自古及今，生齿富庶，人民康乐，而国衰者，未之有也。”

王氏曰：“山将崩倒，根不坚固；国将衰败，民必先弊，国随以亡。”

【注释】

①隳：毁坏，隳堕，动摇。

译　文

大山将要崩塌，是因为根基先毁坏了；国家将要衰亡，是因为人民先贫困了。

张商英注：自古及今，百姓财丁两旺，人民健康安乐，而国家却衰弱的，从来没有这样的先例。

王氏批注：大山将要崩溃倒塌，一定是根基不够坚固。国家将要衰败，一定是民众先穷困了，国家也就随之灭亡。

评　析

一座大山为什么会突然崩塌？一定是根底不坚固了。一个国家为什么突然就灭亡了？那一定是民不聊生，老百姓活不下去了。双脚受寒，心脏就要受到伤害。脚之于人，犹民之于君。人无脚不立，国无民不成。足为人之根，民为国之本。可惜人们往往修饰保养其头面，轻贱慢待其手足，就像昏君尊贵其自身利益，轻慢其百姓一样。

《尚书》曰："皇祖有训，民可近不可下，民惟邦本，本固邦宁。"意谓祖先早就传下训诫，人民是用来亲近的，不能轻视与低看；人民才是国家的根基，根基牢固，国家才能安定。

如果地基不稳，何以起高楼？对于个人成事亦如此，一个人如果准备不充分，纵有幸运女神降临，他也不一定能抓住。即使侥幸成功了，也必是昙花一现，不能久长。所以，有根基才会有实力，有实力才会有机遇。根基坚固，上层才能牢靠。

原 典

根枯枝朽，民困国残。

注曰："长城之役兴，而秦国残矣！汴渠之役兴，而隋国残矣！"

王氏曰："树荣枝茂，其根必深。民安家业，其国必正。土浅根烂，枝叶必枯。民役频繁，百姓生怨。种养失时，经营失利，不问收与不收，威势相逼征；要似如此行，必损百姓，定有雕残之患。"

译 文

树根干枯，枝叶就会腐朽；人民困窘，国家将会残败。

张商英注：长城的劳役兴起了，秦国就衰败了；京杭汴渠的劳役兴起了，隋朝就衰败了。

王氏批注：大树茂盛，它的根一定扎得很深；人民安乐，家业兴旺，国家一定稳定。如果土壤浅薄，树根腐烂，那树枝树叶一定干枯。人民劳役太多太重，百姓就产生怨气。播种养殖误了农时，商人经商没了利润，不问人民有没有收入，用威权势力逼着百姓纳税。如果这样办的话，一定损害到百姓的利益，一定有朽木不可雕刻的隐患，最终导致国家覆亡而不可救药了。

评 析

如同根枯树死一样，广大民众如若困苦不堪，朝不保夕，国家这棵大树也必将枝枯叶残。民富而国强。竭泽而渔，最后必然家破国亡。隋王朝之所以被推翻，只因筑长城、开运河榨尽了全国的民力、财力。鉴古知今，人民生活富裕、康乐安居，国家自然繁荣富强。

“政之所兴，在顺民心”，民生问题一直与国家发展存在着不可分割的关系。保障和改善民生永远是政府执政最大的主题。历史也充分证明，只有代表民意、倾听民声、关注民生，把解决民生问题放在首位的政权，才能得到人民的拥护，才能长治久安。

民安而后国治，民富而后国强。

原 典

与覆车同轨者，倾，与亡国同事者，灭。

注曰：“汉武欲为秦皇之事，几至于倾；而能有终者，末年哀痛自悔也。桀纣以女色而亡，而幽王之褒姒同之。汉以阉宦亡，而唐之中尉同之。”

王氏曰：“前车倾倒，后车改辙；若不择路而行，亦有倾覆之患。如吴王夫差宠西施，子胥谏不听，自刎于姑苏台下。子胥死后，越王兴兵破了吴国，自平吴之后，迷于声色，不治国事；范蠡归湖，文种见杀。越国无贤，终被齐国所灭。与覆车同往，与亡国同事，必有倾覆之患。”

译文

与倾覆的车子走同一轨道的车也会倾覆，与灭亡的国家做相同的事，国家也会灭亡。

张商英注：汉武帝想要效法秦始皇做的事情，几乎使汉王朝倾覆，最后能够有较好的结局，是由于他在晚年有了哀痛和自我悔悟的缘故。夏桀、商纣王因为贪恋女色而亡国，而周幽王因为宠爱褒姒误国与此相同。汉朝因为阉宦弄权而亡国，而唐朝的宦官担任护军中尉误国与此相同。

王氏批注：前面的车子翻掉了，后面的车子就应该改换车道。如果不选择别的路行进，也有翻车的隐患。比如吴王夫差宠爱西施，伍子胥劝谏却不听取，反而令其自刎于姑苏台下。伍子胥死后，越王兴兵攻破了吴国。可自从平定吴国之后，越王沉迷于声乐美色，不治理国事。范蠡归隐江湖，文种又被杀害，越国没有贤能臣子，最终被齐国所灭。与翻掉的车子走一条路，与亡国的国君做同样的事，必定有倾倒覆亡的隐患。

评析

跟着前面翻覆的车辙走的车也会有翻掉的危险。“前事不忘，后事之师。”后人总结历史经验，每日三省吾身，就是为了趋吉避凶，避免失败的发生，因为只有这样才能做到自我突破，日有精进。

原　典

见已失者慎将失，恶其迹者须避之。

注曰：“已生者，见而去之也。将生者，慎而弭之也。恶其迹者，急履而恶路，不若废履而无行；妄动而恶知，不若绌动而无为。”

王氏曰：“圣德明君，贤能之相，治国有道，天下安宁。昏乱之主，不修王道，便可寻思平日所行之事。善恶诚恐败了家国，速即宜先慎避。”

译　文

看见已经出现的过失，就要谨慎避免将来有可能产生的过失；厌恶前人有过的劣迹，就必须尽量避免重蹈覆辙。

张商英注：对于已经发生的过失，发现后就要去除它。对于将要发生的过失，要谨慎地消除它。对于所厌恶的那些前人有过的劣迹，与其急着行走却厌恶这条道，还不如停下脚步不要前行；与其盲动而不理智，不如不妄动而顺应自然。

王氏批注：有道德的君主、贤能的宰相，治国有道，天下就安宁。昏庸的君主，不行仁义之道，那就寻思自己平时的所作所为，分清善恶，诚惶诚恐，不要使家国衰败，应该赶快谨慎地避免这种情况的发生。

评　析

孔子曰："不贰过，不迁怒。""不贰过"就是聪明的人同样的错误不犯第二次。因一块石头摔倒，不足为奇。因同一块石头而再次摔倒，则要当心。被同一块石头绊倒三次的人，一定是蠢材！对于前人出现过的错误，我们要认真总结，汲取教训，争取自己不犯类似的错误。

古代的治国理政者，十分注重总结历史、以史为鉴，很多出色的政治家同时也是史学家。唐太宗李世民曾经说过："以铜为镜，可以正衣冠；以古为镜，可以知兴替；以人为镜，可以明得失。"让我们牢牢记取历史上得失、兴替的经验教训，以资于成事。

原　典

畏危者安，畏亡者存。

王氏曰："得宠思辱，必无伤身之患；居安虑危，岂有累己之灾。恐家国危亡，重用忠良之士；疏远邪恶之徒，正法治乱，其国必存。"

译　文

心中常有危机意识者，才能得到久安；心中常有忧亡意识者，才能得以长存。

王氏批注：得到宠信时不要忘了受辱之时，就必然不会有伤及自身的

隐患；处在安全的环境而思虑可能出现的危险，怎么会有牵连到自己的灾祸呢？害怕国家危亡，就重用贤能忠良的人，疏远邪恶之人，严肃法纪，治理乱象，国家就可以生存。

评 析

领导者必须要有忧患意识。人想得到什么，必须忌讳它的反面，想得到长生，就必须消除致死的因子；想得到成功，就必须避免失败的因素。忧患意识，是保全自己、成就功业的最大智慧。拳击、搏杀乃至战争的第一要务也并不是攻击敌人，而是保全自己。

事物的发展都有内在、外在的因素和规律，都有一个逐渐发展的过程，绝不是突然发生的。天下事，未有不生于微而成于著。圣人之虑远，故能谨其微而先治之；庸人之识近，故必待其著而后救之。治其微，则用力寡而功多；救其著，则费力多而未必能成。这就告诉我们为了规避灾难，不仅要打好基础，还要“达人心之理，见变化之朕”（《鬼谷子》）。就是说要了解人心之隐微，更要能发现变化的征兆。做到事前准备，提前预测，防患于未然。无事时当作有事时准备，方可消意外之便；有事时，做无事般镇定，才能解局中之危。

如果想要长治久安，那么君主必须英明，任贤用能，远离小人，匡正国法，仁政爱民，谋划决断；一定要居安思危，内修政治，外结友邦，消除内忧外患，使国运昌盛、内乱不生。一国如此，个人亦然。

原　典

夫人之所行，有道则吉，无道则凶。吉者百福所归，凶者百祸所攻。非其神圣，自然所钟。

注曰："有道者，非己求福，而福自归之；无道者，畏祸愈甚，而祸愈攻之。岂有神圣为之主宰？乃自然之理也。"

王氏曰："行善者，无行于巳；为恶者，必伤其身。正心修身，诚信养德，谓之有道，万事吉昌。心无善政，身行其恶；不近忠良，亲谗喜佞，谓之无道，必有凶危之患。为善从政，自然吉庆；为非行恶，必有危亡。祸福无门，人自所召；非为神圣所降，皆在人之善恶。"

译　文

人的所作所为，符合天道规律则吉，不符合天道规律则凶。吉祥的人，各种各样的好事都到他那里；不吉祥的人，各种各样的厄运灾祸都向他袭来。这并不是什么神奇奥妙的事，而是自然之理。

张商英注：合乎大道的人，并不是自己去追求幸福，而是幸福自然就会归向他。违背道义的人，对灾祸畏惧得越厉害，灾祸就越光顾他。这中间哪里有什么神圣在主宰？这是自然而然的道理。

王氏批注：做善事的人，行为不会恶劣。做恶事的人，必然伤及自身。端正心志，修养身心，诚实信用，修养德行，这就是遵守道德了，自然万事吉祥。内心没有善意，做尽坏事，不亲近忠诚善良的臣子，却亲近奸佞小人，这就是违背道德，必然有凶险祸患。

参与政事做慈善的事，自然吉祥如意；为非作歹，就有危险。灾祸和幸福并没有特别的原因，是人自己招致的。并不是神灵降下来的祸福，都是因为人心的善恶。

评　析

《了凡四训》曰："我造恶就自然折福，我修善就自然得福。"六祖大师说："一切福田不离方寸，从心而觅感无不同。"也就是说，一个人只要从内心自求，力行仁义道德，自然就能赢得他人的尊敬，而得到身外的功名富贵。得道者多助，自得心安而身健，美誉而友多，家和而业兴；若为人不知反躬内省，向内去求，只顾好高骛远，渴求身外的名利，那就算机关算尽也无济于事。正所谓：失道者寡助，自然众叛亲离，孤苦伶仃，身败业衰。

古人说：人为善，福虽未至，祸已远离。人为恶，祸虽未至，福已远离。

原　典

务善策者无恶事，无远虑者有近忧。

王氏曰："行善从政，必无恶事所侵；远虑深谋，岂有忧心之患。为善之人，肯行公正，不遭凶险之患。凡百事务思虑、远行，无恶亲近于身。

“心意契合，然与共谋；志气相同，方能成名立事。如刘先主与关羽、张飞，心契相同，拒吴、敌魏，有定天下之心；汉灭三分，后为蜀川之主。”

译 文

唯善是从的人，不会有凶恶之事；没有远虑的人，必有近忧。

王氏批注：以做善事的心从政，必无凶恶侵扰；长远的思考谋划，哪会有扰攘人心的灾患。做善事的人，如果能行公平正义，就不会遭遇凶险之患。但凡各种事情，只要深思熟虑，做长远打算，就没有险恶的事情降临到自己身上。

彼此心意相投，然后才能共同谋划；彼此志气相同，才能建立功名，成就事业。如刘备和关羽、张飞意气相投，对抗东吴，抵御曹魏，有平天下之心胸；三分天下，最后，刘备也成为蜀汉的开国之主。

评 析

本节承上文，论立身处事之大端，回应祸福存亡之理。爱出者爱返，福往者福来。求真从善，心怀道义，这样的人一定乐善好施，积德行善，福报无穷。

孔子曰：“苟志于仁矣，无恶也。”意思是说，如果立志于仁，就不会做坏事了。“故古之明君贤臣，惟善为务，惟善是从。周文王之泽，汉文帝之俭，光武帝之度，唐太宗之仁，陶侃之勤，诸葛亮之慎，文天祥之忠，或举而不伐，或任不避嫌。此皆惟善为亲，乃立身之根本也。”

成功者的一个重要原因，就在于他们凡事皆能从长计议，预先有所准备。一个不能居安思危，只为眼前小利斤斤计较的人，必然是目光短浅、胸无大志的人。这样的人，犹如井底之蛙，盯着头顶井口大的天空，没有远景规划，因小失大，作茧自缚；或安于现状，不思进取，突然有事猝然，必然手足无措，无法应对！

而一个胸怀大志的人，目光长远，胸怀博大。有远虑，一切都在预料之中；有近谋，一切尽在掌握之中。所以，很少有忧患凶险，万事顺遂，立功建德。

原　典

同志相得，同仁相忧。

注曰："舜有八元、八凯。汤则伊尹。孔子则颜回是也。文王之闳、散，微子之父师、少师，周旦之召公，管仲之鲍叔也。"

王氏曰："君子未进贤相怀忧，谗佞当权，忠臣死谏。如卫灵公失政，其国昏乱，不纳蘧伯玉苦谏，听信弥子瑕谗言，伯玉退隐闲居。子瑕得宠于朝上大夫，史鱼见子瑕谗佞而不能退，知伯玉忠良而不能进。君不从其谏，事不行其政，气病归家，遗子有言：'吾死之后，可将尸于偏舍，灵公若至，必问其故，你可拜奏其言。'灵公果至，问何故停尸于此？其子奏曰：'先人遗言：见贤而不能进，如谗而不能退，何为人臣？生不能正其君，死不成其丧礼！’灵公闻言悔省，退子瑕，而用伯玉。此是同仁相忧，举善荐贤，匡君正国之道。”

译 文

志向相同的人自然情投意合；志趣相同而又共事的人，必定能患难与共。

张商英注：虞舜时就有八元、八恺，商汤时有伊尹，孔子有弟子颜回，周文王与闳夭、散宜生，微子与箕子、比干，周公旦与召公奭，管仲与鲍叔牙，就是这样的人。

王氏批注：君子大才如果不被任用，贤能的宰相就会心怀忧虑；馋佞之人把持权柄，忠贞的大臣会拼死劝谏。例如春秋时候，卫灵公对政治失察，国家昏乱，不接纳蘧伯玉的苦谏，却听信弥子瑕的谗言。蘧伯玉退出朝政不再过问政事，弥子瑕被宠信，位居大夫之列。史鱼见到弥子瑕谗佞却不被罢黜，智慧的蘧伯玉忠诚善良却不能重用。国君不听从他的劝谏，做事不能行使职权，气病回家。临死前对儿子说：“我死以后，把尸体放到偏房，灵公如果来到，必定会问原因，你就可以禀告其缘由了。”灵公果然到了，问为什么把尸体停在这里，他的儿子奏说：“父亲遗言，见到贤人却不能举荐，见到小人却不能斥退，怎么算得上人臣？生不能匡扶君主，死后就没有理由按照礼制安葬。”灵公听到这话就后悔省悟过来，罢免弥子瑕，而任用蘧伯玉。这就是惺惺相惜，同人相忧，举荐贤人，匡扶国君之道。

评　析

人作为社会群体的一部分，人与人之间的关系最为复杂，时而结成团伙，时而彼此仇怨，看似杂乱而无章，其实分离聚合皆有其因。《素书》接下来论述了人际关系的因果，这是认识社会的宝贵经验。

天下熙熙，人事纷纭，好友易得，知己难觅。伯牙与子期的故事千古称颂。人与人之间的交往，最难得的是气味相投，志同道合。志同道合的人，总是有共同的追求，使他们团结起来；仁爱之士，总是有相似的品质，使他们惺惺相惜。意气相投的朋友，彼此能迅速读懂对方，在对方身上看到自己，彼此理解，互相切磋勉励，互相成就。

原　典

同恶相党。

注曰："商纣之臣亿万，盗跖之徒九千是也。"

王氏曰："如汉献帝昏懦，十常侍弄权，闭塞上下，以奸邪为心腹，用凶恶为朋党。不用贤臣，谋害良相；天下凶荒，英雄并起。曹操奸雄董卓谋乱，后终败亡。此是同恶为党，昏乱家国，丧亡天下。"

译　文

共同作恶的人，往往会朋比为奸，结党营私。

张商英注：商纣王的奸臣恶党数以万计，盗跖的追随者有九千之多，就是如此。

王氏批注：比如汉献帝昏庸懦弱，十常侍操纵政权，隔绝君臣上下朝廷内外的联系，以奸邪的人为亲信，用穷凶极恶的人结为朋党。不任用贤臣，却设计陷害忠臣良相；天下荒灾，群雄揭竿而起。奸雄曹操、董卓谋乱，直至最后汉朝败灭。这就是共同作恶的人，必定在政治上结成朋党，使国家昏庸混乱以至于灭亡的例子。

评 析

为非作歹、图谋不轨的党徒肯定要勾结在一起。晋惠帝爱财，身边的宦官全是一帮巧取豪夺的贪官污吏；秦武王好武，大力士任鄙、孟贲个个加官晋爵。为什么要结党？除了利益与追求相同外，更重要的是心性、品质相同。小人长戚戚！何为小人？小人多蝇营狗苟之辈，为了私利，没有原则和操守！自知无才无德还不求上进，却嫉贤妒能，以排挤构陷贤能以自保；正因为臭味相投，心性相合，而且利益一致，于是联合一起，朋比为奸，结党营私，以收获更大利益！商鞅变法，十数年使弱秦迅速崛起，同时，变法也触犯了一些老官僚的利益，于是当朝太师甘龙联合杜挚及孟、乞、白三族首领结成死党，必欲除之而后快，最终以车裂政敌商鞅了事。

君子坦荡荡，光明磊落，轻视利益，不同流合污，不为名利而放弃原则和操守，不会结党营私。所以，古人云："君子群而不党。"

原　典

同爱相求。

注曰："爱利，则聚敛之臣求之；爱武，则谈兵之士求之。爱勇，则乐伤之士求之；爱仙，则方术之士求之；爱符瑞，则矫诬之士求之。凡有爱者，皆情之偏、性之蔽也。"

王氏曰："如燕王好贤，筑黄金台，招聚英豪，用乐毅保全其国；隋炀帝爱色，建摘星楼宠萧妃，而丧其身。上有所好，下必从之；信用忠良，国必有治；亲近谗佞，败国亡身。此是同爱相求，行善为恶，成败必然之道。"

译　文

有相同爱好的人，自然会互相访求。

张商英注：喜爱财物的人，那么聚敛钱财的人就会寻求他。喜爱武力的人，那么谈兵论战之人就会寻求他。喜爱斗狠的人，那么喜欢伤人的人就会寻求他。喜爱神仙的人，那么从事方术的人就会寻求他。喜爱吉祥的征兆的人，那么喜欢假借名义进行巫术的人就会寻求他。大凡有所痴爱的人，性情一般来说都比较偏激怪诞。

王氏批注：比如燕昭王喜欢贤臣，筑黄金台，招徕汇聚英雄豪杰，拜乐毅为将保全了国家；隋炀帝好色，建筑摘星楼以宠爱萧妃，最后失掉生命。上位的人有所偏好，下位的人必定跟从。信任忠良之臣，国家必定得治。亲近谄媚邪恶之人，一定国破身亡。这就是有相同爱好的人会相互访求，行善就成功，作恶就失败的自然道理。

评 析

鬼谷子说：“故物归类：抱薪趋火，燥者先燃；平地注水，湿者先濡。此物类相应，于势譬犹是也。”意思是说，所以世间万物，各归其类：把柴火抛入火中，干燥的柴火首先燃烧；在平地上倒水，湿润的地方首先被浸润。这就是事物同类相应的道理，至于揣摩的情势上也必然如此。

所谓志趣相投，就是说兴趣爱好一致，自然彼此欣赏，更容易走到一起。比如，喜欢书画的人，自然会向书画协会类的圈子靠拢；喜欢兰花的人，也会因为兰花而经常在一起互相探讨。

原 典

同美相妒。

注曰：“女则武后、韦庶人、萧良娣是也。男则赵高、李斯是也。”

译 文

同样是容貌美好的人，必然互相嫉妒。

张商英注：女人中唐朝的武后、韦庶人、萧良娣都是如此——因同为美女所以互相嫉妒。男人中秦朝的赵高、李斯，他们也是这样的——因同样受宠而互相嫉妒。

评　析

文人相轻，武无第二。两个美女在一起成为冤家，大都是因为谁都不愿输给对方，都想成为最引人注目的那一个。这就是人类的嫉妒心理在作祟。

女人爱争风吃醋，男人间多彼此不服，才智同样卓绝的人，双方一定会先是一比高下，进而互相打压，口诛笔伐，甚至设谋陷害。各朝各代，粉阵厮杀、智者火拼的悲剧实在是太多了！

原　典

同智相谋。

注曰："刘备、曹操、翟让、李密是也。"

译　文

聪明和智慧相同的人，一定会相互谋划算计对方。

张商英注：汉末的刘备和曹操，隋末的翟让和李密就是这样的人。

评　析

智术相敌，势必为谋，如曹操之谋刘备，李斯之谋韩非。故曰：同智则相谋。

一个旗鼓相当的竞争对手，也是鼓励自己不断精进的“朋友”，因为不想被超越，所以不敢有丝毫懈怠。找到一个真正够资格的敌人，也可以说是智者最大的荣幸。比如，刘备和曹操，孔明和司马懿，都是棋逢对手，乱世之雄。

如果一个想有所成就的人没有对手，就会倍感孤独。所以，即使没有对手也要给自己找个对手。人选择对手时，一定会选择那些在智谋、决心、实力相等或者稍高一些的人为对手，高手对决才能互相成就。

原　典

同贵相害。

注曰：“势相轧也。”

王氏曰：“同居官位，其掌朝纲，心志不和，递相谋害。”

译　文

同等权势地位的人，必然互相排挤。

张商英注：势力相互倾轧。

王氏批注：共同居于高官位置，在掌控朝廷纲纪时，心意志向合不来，就互相算计。

评 析

索额图和明珠同在康熙手下为臣，官职相当，势力也不相上下，但权力具有严重的排他性，一山容不下二虎。同为权贵，皇上只有一个，利益永远都是一定的，都想获得领导的信任，甚至是独宠，于是彼此不能相容，明争暗斗，欲除掉对方而后快，这是典型的“同贵相害”。

权利之争，没有休止，争到最后，输者境地悲惨，赢者是否心安？而贤人君子能看淡名利，不慕浮华，不与上级争锋，不与同僚争宠，不与下属争功。如范蠡、张良等进可建功、退可保身，岂不逍遥自在？

原 典

同利相忌。

注曰：“害相刑也。”

译 文

追逐共同的利益就相互妒忌。

张商英注：彼此伤害，相互杀戮。

评 析

一个街道做同样生意的两个店主，为了抢共同的客源，会产生彼此憎恨的情绪。并非他们前世有仇，利益使然。这就是“同利相忌”，忌的本意就是憎恨。其实，同利可以相争，但不要相忌。沧海横流，方显英雄本色！财自道生，利源义取。百舸争流，公平竞争，互相促进，共同提高，才为正道！

原 典

同声相应，同气相感。

注曰：“五行、五气、五声散于万物，自然相感应。”

译 文

相同的声音会产生共鸣；相同的气韵会相互感应。

张商英注：金、木、水、火、土五种元素，寒、暑、燥、湿、风五种气，宫、商、角、徵、羽五种声音，散发到万物之中，自然是相互感应的。

评 析

金、木、水、火、土五种自然元素和宫、商、角、徵、羽五种音律，融合在大自然中，互相交感，互相影响；红、黄、黑、白、青五种颜色，以及酸、甜、辣、苦、咸和心、肝、脾、肺、肾相互对应。这是中国古人特有的思维。

中国古人认为，构成万物的基础是气，如果气味相投，就可相合相契，互相交感。鬼谷子云："同声相呼，实理相归。"凡是自然界中可以相互发生作用的东西，总有相同的特质。所以中医认为，人的脾胃常湿热，那是因为脾属土，湿气总是喜欢往土里钻，这就是同气相感的缘故。看两个心性差别很大的人成了好朋友，仔细分析，他们一定有彼此相同或互相认同的地方。

所以，天地间，五行内，凡是互相影响的事物，都有其本质的相似性。智者，能从纷繁的事务中找到相关联的地方，从而把握关键而得以突破；与人打交道中，要求同存异，找到共同利益，以期长远。

原　典

同类相依，同义相亲。

王氏曰："圣德明君，必用贤能良相；无道之主，亲近谄佞谗臣；楚平王无道，信听费无忌，家国危乱。唐太宗圣明，喜闻魏徵直谏，国治民安，君臣相和，其国无危，上下同心，其邦必正。"

译　文

同一类的人，互相依存；意气相投的人，相互亲近。

王氏批注：圣明的君王，一定任用贤能的臣子；无道的君王，一定亲近谗佞的小人。楚平王不行仁道，听信费无忌，国家因此危乱。唐太宗圣明，喜欢听魏徵的直言劝谏，因此国治民安。君王臣子相处和睦，他的国家就没有危险，上下同心，邦国就一定稳固。

评 析

同类型的事物，总是互相依存，同样人品的人彼此欣赏，一个好领导，总能吸引一些与他志向、才德相同的人。

唐太宗有容人之量，所以在贞观时期进谏之风大行。而人品相近的人，则最容易结为亲密的伙伴。吕尚与文王，包拯与宋仁宗都是互相成就的。缘分对双方同等重要，遇见了千万不要错过！

“鸟伴鸾凤飞腾远，人伴贤良品自高。”不知其人观其友，你与什么人交往，表示了你的品位和格调，君子绝不会与小人为伍，小人往往算计君子，能走在一起的，一定是气味相投、彼此认同的人。而这种关系，往往与血缘和利益无关，而是性情与志趣相契合的缘故。

原 典

同难相济。

注曰：“六国合纵而拒秦，诸葛通吴以敌魏。非有仁义存焉，特同难耳。”

王氏曰：“强秦恃其威勇，而吞六国；六国合兵，以拒强秦；暴魏仗其奸雄，而并吴蜀，吴蜀同谋，以敌暴魏。此是同难相济，递互相应之道。”

译 文

处于同样困难境地的人会相互帮助。

张商英注：韩、魏、齐、楚、燕、赵六国南北联合而抗拒秦国，诸葛亮通好吴国以抵抗魏国。这中间并不是有仁义存在啊，只是共同处在危难的处境中，彼此照应罢了。

王氏批注：强大的秦国倚仗威势想要吞并六国；六国联合军队，以对抗秦国。残暴的曹魏仰仗弄权欺世想吞并吴国和蜀国；吴国蜀国共同谋划，以对抗曹魏。这是同样处于困难下的人会相互帮助的道理。

评 析

曹操统一黄河流域，又占领了荆州，旌旗东指。避难夏口的刘备势如累卵，东吴朝野震动，因为，曹操下个目标就是江东。于是，孔明舌战群儒，说服东吴君臣，联合抗曹，才有了赤壁大胜曹操之功。但同舟共济并不能消灭以前的矛盾，只是暂时的联合，是权宜之计，当共同的危险消除之后，原来的矛盾还会爆发。击退了曹兵之后，孙刘联盟出现罅隙，荆州之争的结果，关羽成仁，联盟瓦解。

没有永久的朋友，也没有永远的敌人，只有永恒的利益。无论是一个国家还是一个公司，只要利益一致，矛盾的双方也能联合起来。所以处在困难中的人们，很容易相互理解，同舟共济，互相援救，以期共渡难关。

原典

同道相成。

注曰："汉承秦后，海内凋敝，萧何以清静涵养之。何将亡，念诸将俱喜功好动，不足以知治道。时，曹参在齐，尝治盖公、黄老之术，不务生事，故引参以代相。"

王氏曰："君臣一志行王道以安天下，上下同心施仁政以保其国。萧何相汉镇国，家给馈饷，使粮道不绝，汉之杰也。卧病将亡，汉帝亲至病所，问卿亡之后谁可为相？萧何曰：'诸将喜功好勋俱不可，唯曹参一人而可。'萧何死后，惠皇拜曹参为相，大治天下。此是同道相成，辅君行政之道。"

译文

志同道合的人，必定能互相成就。

张商英注：西汉在秦灭亡后建立起来，当时全国各地贫困不堪，萧何用清静无为的黄老之术牧养人民。萧何将要去世时，考虑朝中众位将领都喜欢立功，却不精通治理国家的方法。当时，曹参在齐国，曾经研究盖公传授的黄老之术，不妄生事端，所以萧何推荐曹参代替自己的相位。

王氏批注：君臣同心致力于施行王道以安定天下，上下同心协力推行仁政以保全国家。萧何任大汉相国治理国家，家家生活富足，运粮饷的车子在道路上络绎不绝，是大汉的人杰。卧病在床将要去世的时候，皇帝亲自到病床前，问他："你离去以后，谁可以接任相国？"萧何说："诸位将领喜好功勋都不可以，只有曹参一人可以。"萧何死去后，汉惠帝拜曹参为国相，天下大治。这就是同道相成的人，能相互补充，辅助君王推行政事的道理。

评　析

国家之间如果体制相同，信仰一致，就容易结盟；两个人如果志同道合，就会惺惺相惜，互相配合，携手共进。因为目标一致，利益一致，形成合力，最终互相成就，比如孝公与商鞅，比如刘备、关羽、张飞！

原　典

同艺相窥。

注曰："李镒之贼扁鹊，逢蒙之恶后羿是也。规者，非之也。"

王氏曰："同于艺业者，相观其好歹；共于巧工者，以争其高低。巧业相同，彼我不伏，以相争胜。"

译 文

具有同样技艺的人，容易互相偷窥。

张商英注：李醯杀害扁鹊，逢蒙憎恶后羿，就是这样的事。窥，是加以反对的意思。

王氏批注：技艺相同的人，相互窥探对方的好坏。同样有精巧工艺的人，彼此争斗手艺的高低。技巧相同就相互不服，以争斗分出胜负。

评 析

拥有同样的技艺，做同样职业的人，往往相互窥探，以知己知彼或师其所长补己之短。偷艺，一为了学习，二为了竞争，三也为了赶超。比如体育竞赛，教练员和运动员都会反复观看竞争对手的录像，研究对方的特点，找到对方的弱点，而后扬长避短制定攻防策略，以战胜对方。

过去从事演艺事业或某种手艺的人，因为学有所长，有竞争的优势。同行之间，是竞争关系，他超越了你，就等于是抢了饭碗，所以就有了同行之间的明争暗斗。这些行业一般很讲究师承关系，一般来说，手艺不外露，手艺不外传，只传给自己人，甚至传男不传女。同行间既然光明正大学不到，所以就有了偷窥。偷艺既是学习，也是打探，为的是“知彼知己，百战不殆”。

原典

同巧相胜。

注曰：“公输子九攻，墨子九拒是也。”

译文

技术同样高明的人，往往彼此不服，会想尽办法胜过对方。

张商英注：公输般九次进攻，墨子九次相拒，说的就是此理。

评析

“胜”的意思就是互不相让，相互攀比。凡是有同等智慧、相当实力、同水平技艺的人，往往不会甘拜下风，总要一争短长。

许多动物都有种“同巧相胜”的本能。如孔雀看到某人的衣服艳丽，就会开屏比美。人有时也一样都有“攀比”心理，比如武侠小说中常有人去找武功相差不多的人比武，一争高下，其实就是出于这种心理。

原典

此乃数之所得，不可与理违。

注曰：“自‘同志’下皆所行，所可预知。智者，知其如此，顺理则行之，逆理则违之。”

王氏曰：“齐家治国之理，纲常礼乐之道，可于贤明之前请问其礼；听问之后，常记于心，思虑而行。离道者非圣，违理者不贤。”

译 文

这些都是从自然之理中得出的结论，是事物发展变化的客观规律，不能违背逆行。

张商英注：从“同志相得”这条以下的所有行为，都是能够预知的。智者知道事物的发展变化规律如此，所以顺应事物发展变化的规律去实行它，而违背事物发展变化的规律就会事与愿违。

王氏批注：齐家、治国的道理，三纲、五常、礼乐的道理，可以在有贤能的人跟前请教。听过之后，常常记在心上，思考之后再行动。远离大道的人算不上圣人，违背规律的人称不上贤人。

评 析

人要运筹帷幄，决胜千里，就必须要了解趋势、掌握规律、抓住事物的关键。这是《鬼谷子·持枢》一文的主旨。鬼谷子认为，世间法则和自然法则一样，自有其客观性、严肃性、不可违抗性。

在自然界，春生、夏长、秋收、冬藏，随时而化，这是天地自然的运行法则。人们只能顺应自然规律行事，而不能违逆之。否则，必然受到客观规律的惩罚，即使暂时侥幸成功，最终也要失败。

天道如此，君道也如此。“生养成藏”是人君应守的纲纪，人们要效法天道，尊重客观规律，顺道而行，才能牧养人民，使百姓安居乐业，经济发展，社会进步。《意林》引《鬼谷子》曰：“以德养民，犹草木之得时；以仁化仁，犹草木以雨润泽之。”如果违背了自然法则，必然遭受自然法则的惩罚；如果违背世间法则，衰败、混乱会随之而生。

同理，一切游说、设谋成事的策略技巧，只有符合客观规律，才能成就功业，否则，即使能得逞于一时，最后也必然归于失败。策略要服从战略，技巧要服从规律。

原 典

释己而教人者逆，正己而化人者顺。

注曰：“教者以言，化者以道。老子曰：‘法令滋彰，盗贼多有。’教之逆者也。‘我无为，而民自化；我无欲，而民自朴。’化之顺者也。”

王氏曰：“心量不宽，见贵人之小过；身不能修，不知己之非为，自己不能修政，教人行政，人心不伏，心养道，正己修德。然后可以教人为善，自然理顺事明，必能成名立事。”

译　文

把自己除外，单纯去教育别人，别人就不接受他的大道理；如果严于律己，进而去感化别人，别人就会顺服。

张商英注：教育别人使用言语，感化别人使用道理。老子说：“法律命令越来越多，盗贼也就越来越多。”这是对教育的抗议。“我不作为，而人民自然顺化；我不贪欲，而人民自然淳朴。”这是对感化的顺从。

王氏批注：心量不够宽宏，就爱指责别人小的过错；不能修养自身，就看不到自己不当的行为。自己不能正直做事，却教育别人行为端正，人心就不会信服。心中涵养道义，端正自己、修养德行，然后可以教育别人做善事，自然道理顺当，事理明晰，必定能名就事成。

评　析

教育要言传身教，而不言之教影响力更大。不言之教发挥的是榜样的力量，“学高为师，身正为范”是著名教育家陶行知先生的名言。

真正的影响力是由内到外流出来的，如果一个人表里如一，言行一致，自然可以服人，其身正，不令则行，身不正，虽令不行；自己做不到的事情反而要求别人去做，结果人家当然就会逆反！所以最好的领导要身先士卒，最好的父母要给孩子树立一个好榜样！

原 典

逆者难从，顺者易行；难从则乱，易行则理。

注曰："天地之道，简易而已；圣人之道，简易而已。顺日月，而昼夜之；顺阴阳，而生杀之；顺山川，而高下之；此天地之简易也。

"顺夷狄而外之，顺中国而内之；顺君子而爵之，顺小人而役之；顺善恶而赏罚之。顺九土之宜，而赋敛之；顺人伦，而序之；此圣人之简易也。

"夫乌获非不力也，执牛之尾而使之却行，则终日不能步寻丈；及以环桑之枝贯其鼻，三尺之绳縻其颈，童子服之，风于大泽，无所不至者，盖其势顺也。"

王氏曰："治国安民，理顺则易行；掌法从权，事逆则难就。理事顺便，处事易行；法度相逆，不能成就。"

译 文

逆道而行，难于使人服从；顺道而行，必然易于推行。难于使人顺从的，就会产生动乱，易于推行的，成事理所当然。

张商英注：天地的运行法则，其实非常简单易懂；圣人的治世法则，也十分简易。顺应日月之变而昼夜分，顺应阴阳变化而或生或杀，顺应山川之势而随高就低，这是天地运行的法则。

顺应夷狄的特点而将他们置于边远外地，顺应华夏的特点而将他们置于中原内地；顺应君子的特点而让他们为官，顺应小人的特点而役使他们；根据善恶行为而对其进行赏罚；根据九州各地的具体情况因地制宜，征敛赋税；顺应人伦关系而确立尊卑长幼的人伦之序。这是圣人治世的简易法则。

乌获并不是力气不大，假如倒拽牛尾而使它行走，那么牛一天也走不了八尺一丈。等到用桑枝做的圆环穿住牛的鼻子，用三尺长的绳子系住它的脖子，让一童子牵着它，就有如风行大泽一样随心所欲，没有到不了的地方，这是顺着形势的缘故啊。

王氏批注：治理国家安定人民，道理顺通则简单易行。执掌法度行使政权，违背事理就难以推行。处理事物顺从道理便宜行事，做事就简单易行；与法律制度相违背，就不能做成功。

评 析

《阴符经》开篇讲："观天之道，执天之行，尽矣。"意思是说，如果认识宇宙的奥妙，乃至执掌宇宙的运行，那么一切问题都迎刃而解了。效法天地，这是我国先人对天地万物观察后得出的大智慧。由此产生的朴素的辩证思想广泛渗透于我们的传统文化中，成为中华民族的内在精神特质。如上善若水，柔能克刚，有无相生，寸长尺短，阴阳转化，矛盾统一,五行相生相克，无为无不为等思想。它们渗透进我们的思想，成为我们安身立命、做人处事的原则，日用而不知。

了解规律顺应规律谓之顺天；了解人性顺应人性谓之应人；做事顺应时代潮流，谓之顺水；了解人心顺应人心谓之顺风。如果做事顺天应人，顺风顺水自然万事大吉容易成功，如果违背天地良心，虽盛必衰、虽成必败！

鬼谷子曰：“不见其类而为之者，见逆；不得其情而说之者，见非。得其情乃制其术。此用可出可入，可楗可开。”意思是，凡是不了解同类情况的道理便贸然行事，就一定会事与愿违；凡是不了解对方内心想法便进行游说，就一定会遭到拒绝。只有充分了解到真情，才能制定并实现自己的谋略。使用这种办法可以进，可以出；可以进谏献谋，也可以全身而退。

所以，凡事皆有顺逆之情，顺其情则做事顺水顺风，逆其情则做事困难重重，理顺则事顺易成，理逆则事逆难功。

原 典

如此，理身、理家、理国可也。

注曰：“小大不同，其理则一。”

王氏曰：“详明时务得失，当隐则隐；体察事理逆顺，可行则行；理明得失，必知去就之道。数审成败，能识进退之机；从理为政，身无祸患。体学贤明，保终吉矣。”

译 文

领悟了以上的各个道理，并身体力行之，那么就能做到修身、齐家、治国乃至平天下了。

张商英注：世间事物，大小不同，但是，解决问题的道理却是一样的。

王氏批注：详细地了解当前时势的成败得失，应该隐退就隐退；认真观察事物道理的顺逆特征，可行就行。理清得失，必然知道进退的道理。反复仔细地研究成败利钝，能参透进退的时机；顺应事理执掌政事，自身就没有祸患。学习并践行贤人的道德智慧，可以保终身大吉。

评 析

规律是大技巧，技巧是小规律。小家注重技巧，大家注重规律。历史总是惊人的相似，其实，相似的地方就是规律所在。

本书所述的这些道理，千百年来给人们以无穷的启示。这些道理虽然并不深奥，却是千百年来无数人的经验总结，是至理名言，顺昌逆亡。

我们学习和践行古代圣贤的进退之道，就可以做到修身、齐家、治国，建功立业，并能知荣辱，能进退，可纵可横无往不胜。

黄石公传

明 慎懋赏

原 文

黄石公者，吾不知其何如人，亦不知其所自始。但闻秦始皇时，天下方清夷无事，群黎束手听命，斩木揭竿之变未纤尘萌也。韩国复仇男子张良，策壮士阴袭之，万夫在护不支，大索十日不得，其目中已无秦，谓旦夕枭政首挂太白而快也。

译 文

黄石公其人，我不知道他是谁，是从哪里来的。只是听说在秦始皇的时候，天下刚刚太平无事，老百姓都俯首听命，揭竿而起的造反之事还没有丝毫的征兆。韩国有一位要复仇的男子名叫张良，策反一壮士暗中袭击秦始皇，但因为护卫太多，没有成功。秦始皇派人搜索了十天都没有找到他。此时的张良目中已无秦朝，只想着能将皇帝的头割下来挂在太白旗上而后快。

原　文

游下邳圯上，徘徊四顾，凌轹宇宙，即英雄豪杰孰有如秦皇帝者，秦皇帝不畏而畏人耶？俄尔，一老父至良所，堕履圯下，顾谓良曰："孺子下取履。"良愕然，为其老，强忍下取履，跪进。老父以足受之，良大惊。老父去里许，还曰："孺子可教矣。后五日平明与我期此。"良怪之，曰："诺。"

译　文

张良浪迹到下邳的一座桥上，他徘徊四顾，豪气干云，天底下的英雄豪杰有超过秦始皇的吗？他连秦始皇都不怕，还会怕谁？一会儿，有一老者来到张良所在的地方，故意将鞋扔到了桥下，回过头来看着张良说："小子，下去把鞋给我取上来。"张良感到很意外，但考虑他是位老人，强忍着不快将鞋取回，又跪着递给老人，可老人却伸出脚让张良给他穿上，让张良更感意外。老人走了一里多地又折了回来，对张良说："你小子是可以教育的。五天以后的清晨在这里等我。"张良感到很惊奇，说："好。"

原　文

五日平明往，老父已先在，怒曰："与老人期，后，何也？去，后五日早会。"良鸡鸣而往，老父又先在，复怒曰："后，何也？去，后五日复早来。"良乃夜半往，有顷，老人来，喜曰："孺子当如此。”乃出一编曰：“读是则为王者师，后十三年，子求我与济北谷城山下。”遂去，不复见。

译 文

第五天清晨，张良前往约好的地点，但老人已在那里等候。老人非常生气说：“与老人约会而姗姗来迟，这是什么道理？回去，再过五天还在这里相约。”到了那天，张良鸡鸣时就去了，老人又已先在那里等候了。老人又生气地说：“又来晚了，怎么回事？再过五天后来！”五天后，张良半夜就到了那里，过了一会儿，老人也到了，见到张良高兴地说：“年轻人就应该如此。”说罢递给张良一卷书说：“读了它可以成为帝王的老师。十三年以后，你到济北的谷城山下来见我。”说完就走了，张良再也没有见过他。

原 文

旦视其书，乃太公兵法。良奇之，因诵习以说他人，皆不能用。以说沛公，辙有功。由是解鸿门厄，销六国印，击疲楚，都长安，以有天下。其自为谋，则起布衣、复韩仇、为帝师，且当其身免诛夷诏狱之惨。

译 文

等天亮后张良读此书才发现，这是一部太公兵法（其实是《素书》），张良认定是部奇书。张良反复学习，自认为已精通了此书，于是就去游说他人，没想到别人都不用他。后来又游说沛公刘邦，才算成功。由此开始，他帮助刘邦解脱了鸿门宴之厄运，说服刘邦销毁了准备分封六国的王印，击败了疲惫的西楚霸王，定都长安，建立起西汉天下。他运用本书的谋略，以布衣出身，推翻了秦王朝报了韩国的大仇，并且当上了帝王的老师，不仅如此，他还使自己避免了像韩信那样被诛杀的惨剧，全身而退。

原 文

后十三年，过谷城山，无所见，乃取道旁黄石葆而祠之，及良死，并藏焉，示不忘故也，故曰“黄石公”。

译 文

十三年以后，张良特意到谷城山，但却没有见到这位老者。于是，取了道路旁边的一块黄石头，拿回家供奉起来。等到张良死后，家人将此石与他一同埋葬，以表示没有忘记故人。后人就将这位老人称为“黄石公”。

原　文

呜呼！良之所遇奇矣！或曰：老人神也！愚则曰：此老氏者流，假手于人，以快其诛秦灭项之志而已，安享其逸者也。聃之言曰：善摄生者无死地。又曰：代司杀者，是谓大匠斫，夫代大匠斫，希有不伤手矣。此固巧于避斩杀，而善于掠荣名者，是以知其非神人也。

译　文

呜呼！张良真是有奇遇啊！有的人说：这位老人是神仙。而我却认为，这位老人其实就是老聃一样的人，他不过是假手于人，以实现自己推翻秦王朝、诛灭项羽的目的而已，而自己却躲到后面，逍遥安逸。老聃曾说："善于保护自己的人，永远不涉险地。"他又说：凡杀人者，就像是木匠砍大木，很少有不伤到自己的。这位老人的做法，只是为了避免危险，而又能从中获得荣誉。以此来看，他并不是神仙。

原　文

苏轼之言曰："张良出荆轲聂政之计，以侥幸于不死，老人深惜之，故出而教之。"夫爱赤子者，为之避险绝危。老人之于张良，尝试之秦项戈矛之中，而肩迹于韩彭杀戮之际。如是而谓之爱也奚可哉？

译 文

宋代苏轼曾这样解释说:“张良无奈之下做出了与荆轲、聂政一样刺杀秦始皇的计谋，但侥幸没有死，这位老人很是为他惋惜，所以才出面教导他。”但我以为，真正爱护后辈的，是让他们避开任何凶险。而这位老人却教育张良冲入秦朝、项羽的戈矛之中，在韩信、彭越的杀阵中立取功名，这怎么能说是爱护张良呢?

黄石公《素书》考

宋

张商英

按《黄石公三略》三卷、《兵书》三卷、《三奇法》一卷、《阴谋军秘》一卷、《五垒图》一卷、《内记敌法》一卷、《秘经》一卷、《张良经》一卷、《素书》六编。

《前汉列传》黄石公圯上所授《素书》，以《三略》为是，盖传闻之误也。晋乱，盗发子房冢，于玉枕中获此《书》，凡一千三百言，上有秘戒云。

出自《汉魏丛书》

《素书》提要

《素书》一帙，盖秦隐士黄石公之所传，汉留侯子房之所受者。词简意深，未易测识，宋臣张商英叙之详矣，乃谓为不传之秘书。呜呼！凡一言之善，一行之长，尚可以垂范于人而不能秘，是《书》黄石公秘焉。得子房而后传之，子房独知而能用，宝而殉葬；然犹在人间，亦岂得而秘之耶！

予承乏常德府事政，暇取而披阅之。味其言率，明而不晦；切而不迂，淡而不僻；多中事机之会，有益人世。是又不可概以游说之学，纵横之术例之也。但旧版刊行已久，字多模糊，用是捐俸余翻刻，以广其传，与四方君子共之。

弘治戊午岁夏四月初吉蒲阴张官识

出自《钦定四库全书》

参考文献

1. 孙国中，方向红. 皇帝内经素问吴注. 北京：学苑出版社，2001.

2. 李慧，李彦舟. 素书. 北京：经济日报出版社，2009.

3. 任法融. 黄帝阴符经·黄石公素书释义. 北京：东方出版社，2009.

4. 陈才俊. 素书全集. 北京：海潮出版社，2010.

5. 兰彦岭. 鬼谷子纵横智慧. 北京：电子工业出版社，2013.

6. 兰彦岭. 鬼谷子绝学. 北京：北京联合出版公司，2014.

7. 兰彦岭. 鬼谷子微言大义. 杭州：西泠书社，2014.

8. 毛佩琦，徐昌强，徐枫. 素书全集. 北京：煤炭工业出版社，2015.